OBSERVATIONS

SUR

L'AGRICULTURE.

SECONDE PARTIE.

OBSERVATIONS

SUR

DIVERS MOYENS

DE SOUTENIR ET D'ENCOURAGER

L'AGRICULTURE,

Principalement dans la GUYENNE :

OÙ L'ON TRAITE

Des Cultures propres à cette Pro-
vince, & des obstacles qui les
empêchent de s'étendre.

SECONDE PARTIE.

M. DCC. LVI.

DEUXIÉME LETTRE

à M***.

PENDANT que je travaillois
à cette seconde partie, un citoyen vertueux, consommé
dans la science du commerce,
a eu la bonté de me communiquer des mémoires très-in-
téressans, sur une matiere qui
a tant de liaison avec celle qui
m'occupe. Il prouve très-so-
lidement que les Anglois ont
acquis une grande supériorité
sur nous dans cette science;
que nous traitons désavanta-

Partie II.   a

geufement avec toutes les nations ; que nous avons perdu plufieurs branches con-
fidérables de notre commerce , furtout dans le nord,
faute d'avoir fuivi les principes des Anglois ; d'avoir réduit, comme eux, l'intérêt de
l'argent ; & d'avoir, comme
eux , un acte de navigation.
Il s'étonne beaucoup de ce
qu'ayant fait tant de progrès
dans les autres fciences, nous
foyons encore où nous en
étions il y a plus de 80 ans
à l'égard de celle-ci.

En effet, monfieur, on ne
peut s'empêcher d'être furpris,
& de chercher la raifon d'une
fi finguliere différence. Elle

ne vient pas de cette fri-
volité qu'on nous reproche,
puifque les fciences où l'on
convient que notre nation a
excellé font les plus abftrai-
tes & les plus profondes.

Ne feroit-ce point parce
que nous nous fommes déta-
chés des fyftèmes de philofo-
phie pour nous vouer aux obfervations ? au lieu qu'à l'é-
gard de la fcience dont **on**
parle, nous négligeons les obfervations pour les fyftèmes
reçus, quels qu'ils foient ? Nous
croyons qu'on ne peut s'en
écarter fans mettre l'état en
danger , auffi fuperftitieufe-
ment que l'on croyoit autrefois que tout feroit perdu fi

l'on abandonnoit Ariftote.

Portons le même efprit d'obfervation partout , & nous ferons partout les mê-mes progrès.

Le naturalifte lit avec plai-fir les dix volumes de M. de Réaumur fur les chenilles, les mouches à deux aîles, &c. le phyficien veut fçavoir tout le procédé d'une expérience électrique ; l'aftronôme véri-fie avec foin tous les calculs de l'éclipfe d'un fatellite, &c. Enfin, tout intéreffe dans une fcience qu'on aime & qu'on cultive, quoique l'utilité en paroiffe encore éloignée, ou fimplement poffible.

Pourquoi l'amour de la patrie auroit-il moins d'influence fur nos goûts? Quels détails économiques pourroient nous être indifférens, s'ils fervent à rectifier des fyſtèmes plus importans que ceux des phi-lofophes?

Que les philofophes aient arrêté le foleil & fait marcher la terre, nous fommes auffi tranquilles fur cette pla-nette que nous l'étions lorf-qu'elle ne bougeoit pas de fa place. Qu'ils en faffent une pâte fluide ; qu'ils la boule-verfent à leur gré, pour ren-dre raifon d'un coquillage marin qu'ils auront trouvé dans fes entrailles, elle n'en fera pas moins folide. Que, dans leurs fublimes théories, cette pauvre terre difparoiffe, *comme un point de matiere abandonnée, indigne de leurs regards* (*a*), elle produira également fes fruits, fes animaux utiles, & tous les biens que notre induftrie en fçait tirer : Mais fi, dans un fyftème de commerce ou de finance, on perd la terre de vue, c'eft bien alors que tout eft réellement perdu.

Or, convenez-en, mon-fieur, c'eft affez le défaut des fyftèmes modernes ; c'eft en quoi ils s'éloignent malheu-reufement le plus des anciens,

(*a*) Allufion à ce que dit M. de Buffon, hift. nat. t. I, p. 98.

où la terre étoit toujours le centre de tout.

Il n'y a rien dont on ait autant abufé, dans ces derniers temps, que d'une fcience admirable quand on l'applique bien, mais pernicieufe quand on l'applique mal : c'eft la fcience du calcul.

Il eft extrémement difficile d'établir des fondemens folides pour l'arithmétique politique, & très-aifé de la fonder fur de fauffes fuppofitions. Il y en a qui ont fi fort l'apparence de la réalité, lorfqu'on ne voit les objets qu'en grand, lorfqu'on eft attaché à de certains préjugés, qu'une longue fuite de malheurs &

de fautes fuffit à peine pour
en détromper. Alors la facilité de tout calculer eft très-
dangereufe. On a fait quelquefois bien du chemin avant
de s'être apperçu qu'on s'éga-
re; & quand on s'en eft apperçu , il n'eft pas toujours
fort aifé de revenir fur fes pas.

Quelques principes très-
fimples fondés fur l'expérience de tous les temps &
de tous les pays, font la bafe
de tout fyftème économi-
que, petit ou grand. Le plus
habile cultivateur fe ruine
d'ordinaire, comme le meilleur nageur fe noie.

C'eft par ces calculs en
grand, introduits avec le fyf-

tê11me de Laws, que nous
avons perdu nos avantages.
Le principe de l'économie la
plus vulgaire, qu'il faut acheter peu & vendre beaucoup,
étoit plus sûr, & nous auroit
fait conserver précieusement
la culture & le commerce du
tabac, dont nous avons enri-
chi nos ennemis, comme vous
le verrez dans cet article.

Je me suis proposé dans ces
mémoires champêtres, qu'on
trouve bien tels sans doute,
monsieur, de faire descendre
la philosophie du ciel sur la
terre (si je puis, sans une es-
pece de profanation, m'ap-
pliquer ce qu'a dit Socrate)
& particuliérement sur cette

a v

croute que nous cultivons.

Par-là , j'ai déjà répondu
en quelque maniere aux perfonnes qui auroient voulu
moins de détails : mais je
vous prie encore, monfieur,
de leur faire obferver que ce
qui choque les uns , fera peut-
être ce que d'autres trouve-
ront de mieux dans mon ouvrage : que c'eft précifément
ce que des perfonnes en place
ont fouvent demandé. Plus
inftruits que nous des grands
principes, ils n'ont befoin de
nous que pour des détails
dont ils ne peuvent avoir
connoiffance que par des ra-
ports fidèles : les refuferions-
nous à ceux qui font leur

gloire de notre bonheur ?

Mais, diront peut-être les perfonnes dont vous me par-lez : Que nous font ces détails, à nous , qui n'avons aucune part à l'adminiſtration ? Que ſert-il que nous en ſoyons ſi bien inſtruits ?

Je réponds à cela : 1°. que tel qui n'a aujourd'hui aucune part à l'adminiſtration , peut y être appellé , ou ſe trouver dans une relation intime avec ceux que la naiſſance ou les talens y appellent.

2°. Que le citoyen inſtruit ne ſçauroit être inutile à ſa patrie , quand il reſteroit toute ſa vie ſimple ſpectateur ; parce qu'il peut, dans la con-

xij

verfation ordinaire , faire revenir beaucoup de gens des
préjugés qui s'oppofent aux
meilleures intentions , aux réglemens les plus fages ; d'autant plus aifément , qu'il eft
cenfé alors n'y prendre d'autre intérêt que celui du bien
public, dont il a fait fon étu-
de. Il a la même autorité d'un
autre fçavant, & il l'a dans des
queftions bien plus intéref-
fantes. Nous ne fentons point
affez le mal que nous fait notre ignorance. Un auteur, qui
en releve un trait affez remar-
quable , dit à propos , que
c'eft le fleau le plus redou-
table d'une nation (a).

(a Queftions fur le commerce du levant.
L'auteur (p. 121 & 125) fe propofe celle ci:

Pour rendre cette vérité plus fenfible & plus frappante , jettons encore une fois les yeux fur deux exemples voifins,que j'ai mis en oppofition dans ma premiere lettre : d'un côté fur les progrès étonnans des Anglois dans la navigation , le commerce , les fabriques , les cultures , &c. depuis qu'ils ont fecoué le joug de leurs anciens préjugés ; & de l'autre côté , fur l'état de

---

N'y auroit-il pas un grand inconvénient à permettre que tout François pût aller s'établir au levant, où nous fommes expofés aux avanies ; où , par un article des capitulations , le corps de la nation répond & paie pour le particulier ; &c. *Réponfe.* Il y a erreur de fait dans la queftion : puifque les articles de la capitulation de 1740 portent très-clairement le contraire. (C'eft-à-dire , qu'il eft très-faux que la nation foit refponfable , comme elle 'e croit , des engagemens que peut prendre un facteur , au-delà de fes forces)

langueur dont l'Efpagne, toujours dominée par fes pré-jugés funeftes, tâche en vain de fe relever.

Je ne crois pas, monfieur, qu'il y ait d'exemples d'une ignorance plus finguliere & plus ruineufe que ceux qu'on trouve rapportés dans Ufta-riz (a).

Voici fes paroles : » Dans » l'art 37 du contrat de fubfide » des millions, du 23 août » 1619; dans le 34e. du même » fubfide, du 28 juillet 1650, » & en d'autres ; les états de- » manderent , & ftipulerent » avec les rois : *Qu'aucune*

(a) Théorie & prat. du commerce & de la marine, chap. LXXVIII.

» *foie grege ni torfe ne pût être*
» *apportée de l'étranger dans le*
» *royaume, & que fi fa majefté*
» *vouloit en permettre l'entrée,*
» *que ce fût feulement en étoffes*
» *& en tiffus*, &c.

 » Quel aveuglement, grand
» dieu ! (s'écrie un autre au-
» teur Efpagnol, en s'adref-
» fant au roi.) Par quelle voie
» la providence a-t'elle def-
» fein de châtier l'Efpagne?
» Je fupplie votre Majefté de
» n'y point confentir. « Il
ajoute que tous les malheurs
ne viennent pas de l'entrée
de la foie, mais de l'entrée
des étoffes de foie ; de ce
qu'on porte celle des étrangers, & qu'on n'en fabrique
plus en Efpagne.

Cependant , quelles difficultés n'oppofoit-on point
encore , dans le temps qu'Uftariz a écrit (en 1724) au
rétabliffement des manufactu-
res ? On difoit que l'Efpagne
n'avoit plus affez de monde ;
comme fi ce n'étoit pas le
moyen de la repeupler. Vous
jugerez du progrès qu'avoit
fait cette nation , par un autre paffage d'Uftariz , que
voici :

» Divers fentimens, dit-il,
» regnent parmi nous, fur la
» maniere de régler nos tarifs
» d'entrée & de fortie : L'o-
» pinion la plus répandue,
» même chez les miniftres,
» eft que l'on doit charger de

» droits tout ce qui fort du
» royaume, parce que ce font
» les étrangers qui les paient;
» & au contraire, modérer
» les droits d'entrée en faveur
» des fujets qui confomment.«

Voyez, dans le livre même
de ce bon citoyen, la douleur
qu'il témoigne à l'occafion
d'un préjugé fi pernicieux &
fi général (a).

Je ne puis quitter cet auteur, fans vous faire remar-
quer certains rapports que les
entrepreneurs Efpagnols ont
avec les nôtres. Je voulois
faire un chapitre à part fur les
entreprifes; mais ce que j'a-

(a) Même théorie & prat, du commerce &
de la marine, chap. LXXVIII.

vois à dire là - deſſus , & ſur quelques autres articles , viendra peut-être mieux ici que dans le corps de l'ouvrage.

Des entrepriſes.

De tous ceux qui font des entrepriſes , il n'y a que l'économe & l'ouvrier qui augmentent néceſſairement les fonds de l'état, les denrées, le prix des matieres , & la population : le marchand peut s'enrichir par un commerce paſſif. Les entrepreneurs de quelque fourniture que ce ſoit , outre la commodité, dont je parle ailleurs, aimeront toujours mieux traiter avec les étrangers qu'avec les gens du pays, parce que ceux-ci tâchent de vendre le plus cher qu'ils peuvent ; au lieu que l'étranger s'empreſſe de donner à la moins dite, à chaque renouvellement de traité.

L'entrepreneur habite ordi-nairement une grande ville. Il faut que le profit réponde à ſon luxe, & puiſſe enrichir un grand nombre de commis. Il eſt comme un grand ſeigneur qui voudroit faire le com-merce par ſes intendans.

Il faut voir dans Uſtariz les difficultés qu'on a trouvées en Eſpagne toutes les fois qu'on a voulu obliger les entrepre-neurs à ſe ſervir des matieres

du pays : Ils n'ont jamais man-
qué de demander des priviléges exclufifs , pires , pour
les cultures & les fabriques ,
qu'une importation étran-
gere.

On eft étonné , quand on
ne fait pas attention à l'en-
chaînement des caufes , que
l'Efpagne tire tout fon papier
de Gènes , tant pour fa confommation que pour celle des
deux Indes. On voulut traiter
avec le monaftère de faint
Laurent pour cette fourniture-
re, particuliérement pour les
livres d'églife & les miffels,
en établiffant deux moulins
dans les forêts de l'Efcurial.
Il eft convenable, dit le prieur

à cette propofition , *que le mo-*
naftere puiffe avoir dans tout le
royaume la préférence de l'achapt
des drapeaux , & qu'il puiffe
avoir d'autorité ceux que d'au-
tres perfonnes auroient ache-
tés , &c.

On a plufieurs fois propofé,
continue Uftariz , de ne tim-
brer que du papier du royaume ; mais dans l'occafion,
ceux qui en avoient la di-
rection y ont toujours trouvé
des difficultés. Ils alléguent
que l'empreinte n'y eft pas
auffi bonne que fur le papier
de Gènes , & que les divers
moulins d'Efpagne ne font
pas en état de fournir au moment vingt mille rames de pa-

pier, que l'on emploie à cet usage (a).

Croiriez-vous, monsieur, qu'il y a 150 moulins dans l'état de Gènes, qui fournissent continuellement du papier à ces entrepreneurs? Il n'en auroit pas coûté davantage de les établir en Espagne; mais cela n'auroit pas été si commode. Les Génois tirent pourtant leurs meilleures matieres de l'Andaloufie.

Autrefois les Anglois prenoient de nous tout leur papier, & nous vendoient tous leurs chiffons: Il y avoit même des gens, du temps de Char-

(a) Théorie & pratique du commerce, &c. chap. LXXXV, & LXXXVI.

les I, qui en avoient la vente exclufive. Vous verrez cela dans Rapin Thoyras. Cette nation eft partie du même point où l'Efpagne eft encore aujourd'hui.

Je reviens toujours à ce parallèle, monfieur ; on n'y fçauroit trop infifter. Cependant, j'ai encore quelques obfervations, qui doivent avoir place dans ces lettres : Mais je les réferverai pour une autre ; celle-ci n'eft déjà que trop longue.

TROISIÉME LETTRE,

au même.

ON me reproche donc, monfieur, qu'il n'y a pas af-fez de liaifon & d'arrange-ment dans mon ouvrage? Mais n'avois-pas averti, dès le commencement, qu'il n'y en auroit point ? J'en ai dit tout naturellement la raifon ; c'eft que je ne puis faire mieux. Je n'ai promis que des obfervations détachées , & j'ai tenu parole. La plupart de mes lecteurs n'ont pas plus de loifir pour les lire de fuite, que j'en ai pour les ré-diger. Cela doit être com-mode

mode pour tous. Voici celles
que je vous ai annoncées,
comme je les trouve fous ma
main; c'eft tout l'arrangement
que j'y fçai mettre. J'avoue
qu'il y a dans ma maniere
quelque chofe de brufque,
& de trop franc, peut-être.
Mais n'admettez-vous pas un
ordre ruftique dans vos bâtimens ? Paffez-le quelquefois
dans les écrits, du moins dans
ceux de la campagne, s'ils
contiennent des chofes qui
peuvent d'ailleurs être utiles.

Addition à l'article des taxes.

Je renvoie à l'Efprit des
loix au commencement de cet
article. On fera bien de con-
fulter ce livre : cette matiere

Partie II. b

y eſt divinement bien traitée.

On y verra pourquoi la culture & la population ſe ſoutiennent dans les royaumes de l'orient.

Ce n'eſt jamais une modé-ration ſur les tributs qui peut ſoulager dans une extrême miſere, parce que le dixiéme de l'impôt peſe plus alors que ne fait le tout dans un autre temps ; c'eſt la remiſe entiere de tous les tributs de la pro-vince affligée.

L'empereur de la Chine retrouve cette remiſe dans l'étiquette d'un deuil politi-que qui retranche pendant une ſemaine la dépenſe de ſa cour.

En Turquie , lorſque le Nil ne croît pas juſqu'à une

certaine hauteur, qui eſt mar-
quée ſur une colomne, l'É-
gypte eſt déclarée exempte
pendant un an de toutes ſor-
tes de tributs.

On pourroit faire à plus
forte raiſon la même choſe à
l'égard d'une paroiſſe grêlée.

*Addition à l'article des capita-
les, dans la premiere partie.*

J'ai parlé du danger de leur
accroiſſement exceſſif, par
rapport à la culture des terres : ce n'eſt pas le ſeul inconvénient que je voudrois faire
obſerver.

Charles **VII** diſputa pendant long-temps ſon royaume
aux Anglois maîtres de ſa capitale, & les chaſſa pour ja-

mais de la France. Je n'exa-
mine point s'il eût pu en venir à bout sans un miracle :
mais si tout l'argent du royaume eût été alors comme con-
centré dans Paris , je crois,
monsieur, que le miracle auroit été fort nécessaire.

Henri IV fut dans le même
cas tout le temps que Paris
resta au pouvoir de la Ligue.
Il trouva des secours dans l'é-
conomie de ses sujets fideles.
Les provinces avoient des se-
cousses violentes , mais tout
l'argent n'en sortoit pas, &
quelques années de calme l'y
faisoient rentrer; parce que le
fonds de l'argent, l'agriculture & le commerce des denrées, restoient en vigueur.

Ce grand prince eut la gé-
nérofité de ne vouloir pas
prendre fa capitale d'affaut,
pour épargner l'horreur du
pillage. Mais, penfez-vous,
monfieur, qu'il eût fini la
guerre par-là ? Penfez-vous
qu'Annibal eût fini celle qu'il
faifoit aux Romains, quand il
auroit pris Rome ? Mais dans
la fuite les barbares n'eurent
qu'à la prendre, parce que
tout l'empire étoit dans Rome.

Les campagnes étoient in-
cultes & dépeuplées; cinq ou
fix propriétaires partageoient
entr'eux une province, & n'y
demeuroient pas. Ce mal
commença avec l'accroiffement de Rome, & alla en au-
gmentant fous les empereurs.

Pline dit que les grandes pof-
feffions avoient perdu l'Italie,
& qu'elles caufoient déjà la
perte des provinces. Il ajoute :
fix propriétaires poffédoient
la moitié de l'Afrique : Néron
les fit mourir (*a*).

Politique Angloife.

Je reviens encore à l'Efpagne & à l'Angleterre. La premiere, quand elle étoit notre
rivale, nous a caufé des maux
infinis par une efpéce de politique très-dangereufe. La feconde, qui lui fuccéde dans fa
rivalité, voudroit employer le
même reffort, mais d'une autre
façon.

(*a*) Verùmque confitentibus, latifundia per-
didere Italiam ; jamverò & provincias. Sex do-
mini femiffem Africæ poffidebant : eos interfe-
cit Nero princeps. Pлин. l. XVIII, c. 6.

Guillaume III échaufa contre nous le zèle de religion en Angleterre, & dans toute l'Europe proteſtante, comme Philippe II avoit fait en Eſpagne, & dans l'Europe catholique.

L'un, dans le ſiécle où il vivoit, n'eut pas de peine à faire un crime à la France de ce qu'elle ſouffroit les proteſtans; l'autre lui fit auſſi aiſément un crime de ce qu'elle ne vouloit pas les ſouffrir; le temps étoit venu où cette rigueur même relevoit les maximes de la tolérance qu'on avoit adoptées.

Il y a long-temps que nous n'avons plus rien à craindre de la politique Eſpagnole;

nous avons même pris contre
elle, quand elle renaîtroit, ce
qui ne peut guére arriver, des
précautions plus que suffifan-
tes. Mais la politique de Guillaume III n'eft pas morte avec
lui : un puiffant parti en fuit
le plan, avec un zèle natio-
nal & religieux, animé par
l'intérêt; c'eft le parti qui a
l'argent de la nation, qui en
eft le créancier, & qui forme
dans ce pays de liberté, comme il fera toujours partout,
l'efpéce d'ariftocratie la plus
dure & la plus inexorable.

Nous avons un exemple tout
récent de cette politique dans
les efforts qu'a fait ce parti
pour faire paffer le dernier bill
de naturalifation en faveur

des proteſtans étrangers.

III. C'étoient les proteſtans de
ce royaume que les partiſans
de ce bill vouloient ſur toutes choſes attirer en Angleterre ; 1°. parce qu'un dégré
de force perdu d'un côté , &
acquis de l'autre , fait deux
dégrés de force : 2°. parce
que la frugalité de nos ouvriers
employés dans leurs manufac-
tures, eût pu baiſſer le prix de la
main d'œuvre; avantage qu'ils
ne peuvent ſouffrir que nous
ayons,& dont ils ſentent mieux
que nous l'utilité.

Ce bill fut habilement pro-
poſé dans le temps qu'on ſé-
viſſoit en France contre les
aſſemblées des proteſtans ,
ménagées d'avance dans plu-

fieurs provinces du royaume, par des miffionnaires d'autant plus zélés, qu'ils n'étoient point du fecret (*a*). Si ce bill avoit malheureufement paffé dans ce moment critique, une bonne partie de ces provinces fût reftée déferte.

Il n'eft rien de fi aifé que de fufciter des affemblées purement religieufes, dans tous les pays du monde où une partie des fujets n'a pas de culte public. On prétend que ce fut le cardinal Alberoni qui nous procura celles que nous eumes dans les mêmes provinces, au commencement de fon miniftere, & de fes projets.

(*a*) Tout le monde fçait qu'il y a un féminaire établi en Suiffe pour ces miffions, aux frais du roi d'Angleterre.

Les Juifs ne s'affemblent
point en France de cette façon, parce qu'ils ont des fy-
nagogues. Ils vont à la meffe
en Efpagne, & en Portugal,
parce qu'on les brûle quand
ils n'y vont pas; mais ils
reftent tous auffi Juifs, & peut-
être davantage. Vous feriez
bien étonné, monfieur, fi
l'on vous difoit qu'on trouveroit encore en Efpagne, après
en avoir tant brûlé, autant de
Juifs que de Chrétiens: c'eft
ce qui m'a été affuré par un
très-honnête homme, qui a
demeuré long-temps dans ce
pays-là, & dont le témoignage
ne fçauroit vous être fufpeêt.

Ce feroit bien ici le lieu,
monfieur, de vous parler de

la tolérance, caufe la plus féconde de la population, de la vigueur de l'agriculture & du commerce. Defirée du patriote, approuvée par l'homme de bien, elle nous eft impitoyablement enviée par nos plus mortels ennemis, par cette faction jaloufe qui ne fe départira jamais de fes pieufes intrigues, jufqu'à ce qu'elle ait fait revivre parmi nous des maximes de rigueur oppofées à notre génie. Mais à force de vouloir nuire, on fert quelquefois. Pour nous détacher à jamais de ce fyftème de dépopulation, il fuffit d'avoir connu le piége que nous tendoit fa cruelle politique.

Fin de la troifiéme lettre.

LETRRE

TABLE

DES CHAPITRES

Contenus dans la seconde partie.

Partie II. c

xxxviij

xI

Fin de la Table de la seconde partie.

OBSERVATIONS

OBSERVATIONS

SUR DIVERS MOYENS

De soutenir & d'encourager
l'Agriculture.

SECONDE PARTIE.

CHAPITRE I.

De la culture du tabac.

Il faut qu'il y ait un étrange
pyrrhonisme dans les matières
de politique, si l'on trouve encore le moindre doute dans la
proposition suivante: *Les colo-*
nies ne peuvent s'accroître qu'aux

Partie II.   A

dépens de la métropole, *à moins qu'elle n'y attire des étrangers.*

Que fera-ce donc, si la métropole y tranſporte ſes cultures, celles ſurtout qui occupent le plus de monde?

Que diroit-on, ſi elle y tranſportoit auſſi ſes fabriques? Que diroit-on, ſi l'on propoſoit d'interdire la culture des meuriers dans le royaume, pour l'établir à la Louiſiane, où elle réuſſiroit très-bien, puiſque cet arbre y croît naturellement?

On diroit ſans doute, qu'il n'eſt pas juſte que la métropole ſe dépeuple & s'appauvriſſe en faveur de ſes colonies ; qu'elle ſe prive d'une denrée auffi utile que la foie, laquelle fes colonies ne pourront lui fournir en temps de guerre, & dont elles feront le commerce, même en temps de paix, avec fes ennemis, à qui d'ailleurs elles peuvent fe donner, ou paffer en leur pouvoir.

C'étoit certainement un grand & beau projet, s'il avoit été fincère, que celui dont la compagnie des Indes éblouit le public, lorfqu'en 1729 elle propofa de convertir en un droit d'entrée le privilége de la vente exclufive du tabac, dont elle étoit adjudicataire ; de rendre le commerce libre ; d'augmenter nos colonies &

Mais n'étoit-ce pas une condition trop dure, & ſe preſſer un peu trop , que d'exiger qu'on ſupprimât les belles plantations de tabac , établies depuis près d'un ſiécle dans le royaume , avant que la Louiſiane & nos autres colonies fuſſent en état de les remplacer?

N'étoit-ce pas même leur en ôter pour jamais les moyens? Car enfin , il eſt viſible que la compagnie s'étant chargée de donner tous les ans au roi , ſur cet article ſeul , quatre millions vingt mille livres , cette compagnie ſe trouveroit d'abord obligée de traiter avec les

étrangers pour couvrir cette
fomme ; que traitant pour
la premiere année, elle traiteroit pour les autres ; & que,
pendant toute la durée de fon
bail, la culture ne feroit aucun
progrès à la Louifiane (je
ne parle pas des autres colonies, qui font affez riches par
le produit du fucre, du caffé,
de l'indigo, &c.); qu'après ce
bail, les mêmes circonftances
obligeroient à renouveller les
mêmes traités avec les étrangers: qu'ainfi la culture devoit
s'étendre uniquement chez
eux, les enrichir & nous rendre leurs tributaires.

C'eft ce qui eft malheureufement arrivé. La compa-

gnie envoya bien quelques colons dans la Louifiane, leur promit beaucoup & les abandonna. Les uns périrent de mifere; d'autres furent maffacrés par les fauvages : ceux qui revinrent, eurent une peine infinie à être payés en papier, fur lequel ils perdirent tout.

Elle ne traita pas mieux les marchands qui avoient entrepofé les tabacs de la derniere récolte, pour les envoyer à l'étranger. Ils folliciterent pendant plus de dix ans la permiffion de les faire fortir ; & ils ne l'obtinrent à la fin, que lorfqu'on jugea que ces tabacs feroient entierement confu-

més dans les magazins, & que
les étrangers en auroient perdu l'idée. Mais ces tabacs
étoient d'une si excellente
qualité, qu'ils ne se trouverent
point gâtés, qu'ils eurent un
très-grand débit par tout où
on les envoya, & qu'on en
demanda d'autres avec em-
pressement.

Cependant tous ces païs
étoient déja pourvus de tabac
Anglois (car c'est aux Anglois que nous en avons cédé
le commerce, ainsi que la culture) : mais leurs tabacs n'é-
toient pas goûtés comme les
nôtres, & ne l'auroient jamais
été. Ils le tirent de leurs colonies ; il est sujet à se gâter

dans le tranſport; il eſt toujours
plus cher. Nous envoyons nos
tabacs tout fabriqués , pour la
plus grande partie : & comme
c'étoit à Gènes que s'en faiſoit
le grand commerce , la guerre
ne pouvoit l'interrompre.

Il eſt certain que, quand nous
aurions été à la merci des Anglois , nous ne pouvions rien
faire de plus avantageux pour
eux & de plus préjudiciable
pour nous. Nous nous ſommes
mis dans la ſujétion humi-
liante de leur acheter tous les
ans pour cinq ou ſix millions
de tabac , dans le temps même
qu'ils nous font la guerre.

Ce ſont les Anglois qui ont
aujourd'hui la vente excluſive

du tabac dans toute l'étendue
de ce grand royaume, où la
confommation eft immenfe.

Ils en portent beaucoup en
Italie, qui ne le prenoit que de
nous ; dans le nord, où nous
devions les avoir prévenus ;
fur les côtes d'Efpagne & d'A-
frique, où nous commencions
à en faire un bon commerce.
Il y avoit déja des entrepreneurs dans le crû, qui réuffi-
foient très-bien à le préparer à
la façon du Bréfil. On fçait que
les Négres de la côte de Guinée n'en veulent pas d'autre,
& qu'il faut l'acheter fort cher
des Portugais. Ce qu'il y a de
fingulier, c'eft que nous four-
niffions même le Port-Mahon;

on en voit la preuve dans l'é-
tat des déclarations faites aux
bureaux de Jonnens & de Bordeaux, en 1720. Rien ne fait
mieux fentir combien la culture & le commerce des Anglois étoient foibles dans ce
temps-là.

Mais que les chofes ont
changé à cet égard ! Ils agif-
fent maintenant en maîtres ;
ils font brûler une partie de
leurs tabacs, comme les Hollandois font brûler une partie
de leurs épiceries ; &, s'il en
faut croire leurs propres au-
teurs (*a*), c'eft le commerce

(*a*) M. Joshua-Gee, dans fes confidérations
fur le commerce & la navigation de la grande
Bretagne, prétend qu'il n'y a pas de moyen plus
fûr pour enrichir ce royaume. Il blâme la prati-

qui leur rend le plus. Le Traducteur du négociant Anglois dit que le produit de cette culture est immense dans leurs colonies de la Virginie & de Maryland, qui se font en effet prodigieusement accrues depuis la suppression de nos plantations. » On estime commu-
» nément, dit-il, que l'An-
» gleterre, après avoir fourni à

que de brûler une partie des tabacs. » Si l'on eut
» permis, dit-il, d'envoyer à Gibraltar tout le
» tabac que nous appellons *Scrub*, & tout le ta-
» bac commun, l'état auroit épargné l'argent
» qu'il lui en a coûté dans cette occasion. Il est
» indubitable, continue-t'il, que nous pouvons
» faire un très grand commerce le long de la
» côte d'Espagne, à Gibraltar, à Livourne, &
» sur la côte d'Afrique, & même que nous pour-
» rions faire tomber le tabac du Levant dans tous
» ces païs ; car le nôtre est beaucoup meilleur :
» mais on prend l'autre, parce qu'il est à meilleur
» marché. «

Par la même raison nous aurions fait tomber le tabac des Anglois.

A vj

» ſa propre conſommation, en
» exporte pour plus de quatre
» cent mille liv. ſterlings tous
» les ans. Cette précieuſe bran-
» che de commerce occupe
» plus de deux cent bâtimens.
» Suppoſons pour un moment
» que les Anglois euſſent re-
» cours à d'autres peuples pour
» ſe procurer cette denrée ,
» ce feroit une différence de
» ſix cent mille livres ſterlings
» ſur la balance de leur com-
» merce ; & ils auroient de
» moins de quoi nourrir trois
» cent mille hommes dans leur
» propre païs. Ce n'eſt pas
» trop avancer, ſi l'on veut cal-
» culer le nombre des manu-
» facturiers & ouvriers qu'em-

» ploie la confommation des
» cultivateurs de ces tabacs, la
» conftruction des vaiffeaux ,
» le nombre des matelots oc-
» cupés , tant pour cette navi-
» gation à droiture , que pour
» celle de Guinée qu'occafion-
» ne cette culture ; les dépen-
» dances de ce dernier com-
» merce ; enfin , le bénéfice
» qui réfulte pour d'autres ou-
» vriers , de l'occupation de
» ceux-ci. «

Nous ferons voir dans le
chapitre fuivant qu'il étoit
plus avantageux pour les Anglois de cultiver le tabac dans
leurs colonies , & qu'il feroit
plus avantageux pour nous de
le cultiver en France.

CHAPITRE II.

Continuation.

L'EXEMPLE d'une nation ne conclut rien pour une autre : il est même quelquefois trop dangereux.

Nous avons vu que l'Angleterre pouvoit impunément laisser aggrandir à l'excès sa capitale & ses colonies.

Par une suite encore plus nécessaire de la constitution physique & politique des Provinces - unies, plus cet état prospérera, plus ses villes & ses colonies s'aggrandiront; plus elles seront peuplées d'une multitude d'étrangers attirés par la liberté, & chaſſés de leur païs par contrainte ; plus la conſommation de ſes denrées augmentera , & avec elle , le nombre de ſes pê-cheurs , de ſes matelots & de ſes cultivateurs.

Il eût bien mieux valu, ſans doute, établir la culture du ta-bac à la Louiſiane, que de la céder aux Anglois. Mais tant qu'on laiſſera le ſoin de cet établiſſement à une compa-gnie de commerce , encore moins à des fermiers, jamais on n'y parviendra ; & quand on y pourroit parvenir en pre-nant d'autres meſures , ce qui eſt extrémement douteux, il

feroit toujours plus avantageux de cultiver le tabac en
France.

La France eſt une puiſſance
cultivatrice. C'eſt la force qui
lui eſt propre. Le génie de la
nation s'étoit tourné de ce côté, & il ne falloit pas lui faire
changer d'objet. Le commerce & les arts ſont des avantages qu'on peut ſe procurer
partout ; mais on n'a nulle part
autant de terres à cultiver, ni
de tant d'eſpéces différentes ;
& toutes peuvent récompen-
ſer le travail du cultivateur. Si
nous cultivons le tabac en
France, nous ſommes ſûrs de
pouvoir le donner à meilleur
marché que les Anglois ; ſi

nous le cultivons en Amérique , il nous reviendra toujours plus cher qu'à cette nation : ſes établiſſemens ſont
faits , & nous ne ferons les nôtres qu'en dépeuplant nos
campagnes.

L'Angleterre eſt par ſa ſi-
tuation & par néceſſité une
puiſſance commerçante. Elle
eſt trop à notre bienſéance
pour n'être pas tôt ou tard ſub-
juguée , ſi elle ne portoit pas
toute ſon attention à ſa marine. Elle a peu de terrein à cultiver; encore eſt-il reſſerré par
les nourriſſages , qui lui ſont
plus utiles. Son climat ne lui
permet point des cultures qui
puiſſent occuper beaucoup de

monde. Ce n'eſt donc que
par le commerce, les arts & la
navigation qu'elle peut avoir
une population floriſſante.
C'eſt auſſi vers cet objet que
ſon génie ſe tourne avec une
ardeur toujours ſoutenue &
toujours animée par tous ſes
réglemens de police.

Jamais elle n'auroit pu recueillir aſſez de tabac, en ſup-
poſant même qu'il eût été bon,
pour en faire un commerce
conſidérable ; il falloit donc
porter cette culture dans les
vaſtes païs de ſa dépendance,
où elle pouvoit l'étendre à
volonté : mais elle ſe donne
bien garde d'y tranſporter la
moindre de ſes fabriques; elle

n'y en permet aucune , autant du moins qu'elle peut l'empê-cher.

Une puiffance cultivatrice peut devenir commerçante : mais c'eft dans le fort de fa profpérité, lorfque du fuperflu de fa population elle pourra entretenir une marine mar-chande & militaire, fans nuire à fes cultures , qui font la bafe de fon pouvoir.

Les Romains conftruifirent des vaiffeaux , & battirent les flottes de Carthage : mais ce n'eft qu'après avoir augmenté leur population par leurs con-quêtes ; en cela bien différens de tous ceux qui en ont jamais fait.

Louis XIV eût une puiffante marine : mais ce fut dans un temps où la France étoit encore extrémement peuplée.

CHAPITRE III.

Avantages de la culture du tabac.

APRÈS la culture des vignes, la culture du tabac étoit celle qui mettoit en valeur les terreins les plus ingrats, & qui fourniffoit de l'emploi à une plus grande quantité de monde : la fabrique en occupoit même bien davantage ; & pendant l'hyver, femmes, vieillards, enfans, tout travailloit dans les magazins.

Dans les fonds les moins fertiles , un arpent de terre bien cultivé rapportoit neuf ou dix quintaux de tabac ; & dans les bons fonds, douze ou treize au moins , & fouvent au-delà.

Dans les premiers on culti- voit le tabac alternativement avec le feigle , & dans les au- tres avec le froment ; c'eft-à- dire , qu'après avoir fait la ré- colte du tabac dans le mois de feptembre, on n'avoit befoin que de labourer une fois ou deux pour femer la même terre en bled ; elle fe trouvoit admirablement préparée , & produifoit beaucoup de bled l'année fuivante.

Dès que la récolte du bled
étoit faite , on rompoit les fil-
lons ; on donnoit plusieurs labours , on couvroit la terre de
fumier avant l'hyver ; cela
s'appelloit *fumer à croître.*

Au printemps , jusqu'à ce
que le tabac qu'on semoit sur
couche fût en état d'être plan-
té, on donnoit encore plusieurs
labours à la terre ; enfin on le
plantoit à deux pieds quatre
pouces de distance d'un plan
à l'autre , suivant la convention passée avec les fermiers ;
après quoi on ne le travailloit
plus qu'à la bêche, comme on
travaille un jardin. Cette plante qui est remplie de sels , en
rendoit beaucoup à la terre ,

parce qu'on avoit soin de cou-
per de temps en temps les
sommités & les rejettons : tout
cela pourrissoit dans la terre,
& y déposoit des sels.

On ne sçauroit assez dire
combien ces labours, ces en-
grais, pour lesquels il n'y avoit
rien d'épargné, rendoient la
terre fertile ; & combien la
compagnie des Indes étoit
peu instruite, ou peu sincere,
quand elle avança que *la cul-*
ture des terres qui servoient aux
plantations de tabac , pouvoit
être faite plus utilement pour le
royaume (a).

Elle vouloit insinuer sans

_____

(a) Arrêt du Conseil d'État, &c. du 29 dé-
cembre 1719.

doute qu'on y pourroit faire
venir du chanvre. Un de ſes
directeurs, par une ignorance réelle ou affectée de l'a-
griculture, l'a dit expreſſément
dans l'eſſai politique ſur le
commerce.

Mais un des plus grands
avantages de la culture du tabac, étoit de mettre en valeur
des fonds qui ne peuvent donner du chanvre ; & la quantité
de ces mauvais fonds eſt la
plus grande par tout le païs.

J'avoue qu'il y a des terres
où le chanvre vient bien; mais
il y venoit encore mieux pendant la culture du tabac ; on
peut croire qu'elles ne ſont
plus auſſi bien travaillées. Il
faut

faut que le produit paie les avances & le travail ; il faut que le cultivateur ne foit pas toujours incertain de vendre fa denrée à profit. Or, à moins de mettre un droit d'entrée fur le chanvre étranger, à moins de perfectionner la prépara-tion du nôtre, comme nous l'avons déjà fait voir , cette culture fera toujours très-lan-guiffante, & celle du tabac fe fera tous les jours regretter davantage.

Nous réfulterons un calcul bien faux, du même auteur, dans le chapitre fuivant.

Partie II.   B

CHAPITRE IV.

Faux calcul de monfieur MELON dans l'effai politique fur le commerce.

CET auteur, pour exténuer autant qu'il lui eft poffible, la perte que fa compagnie a caufée au royaume, prétend qu'il ne s'agit que de dix mille quintaux de confommation, qu'il évalue à cent mille écus (a).

Mais par l'état des déclarations qui en furent faites aux bureaux de Bordeaux & de Tonneins, jufqu'au dernier novembre 1720, on trouve que les tabacs recueillis la der-

(a) Effai polit. page 160, derniere édit.

niere année de la culture, dans dix - fept communautés fur trente-deux , alloient à plus de 31000 quintaux.

Un des plus habiles marchands du païs, que j'ai confulté fur cette matière, & dont j'ai les mémoires, eftimoit qu'il fe recueilloit dans tout le crû de 60 à 80 mille quintaux de tabac.

Ainfi , par l'évaluation même de cet auteur, qu'il ne porte qu'à dix écus par quintal, & à s'en tenir à l'eftimation la plus foible du marchand que je viens de citer, la perte iroit à fix cent mille écus.

Mais ce tabac ne fe confommoit pas tout dans le

B ij

royaume ; il s'en vendoit une grande quantité au dehors , & la plupart tout fabriqué. L'auteur pouvoit ſe rappeller que, ſelon ſes principes , la valeur d'une denrée doit tripler entre les mains de l'artiſan , & doubler encore en paſſant à l'étranger.

Eſt-ce donc une perte ſi peu conſidérable ? & la compagnie des Indes fait-elle entrer autant d'argent dans le royaume ?

Il y auroit deux cent millions de plus dans le royaume , & deux cent millions de moins en Angleterre, ſi l'on n'avoit pas ſupprimé cette culture , & ſi l'on n'avoit pas acheté le tabac des Anglois.

Nous leur en prenons pour cinq ou six millions tous les ans : or, il y en a trente-six, que nous leur payons ce tribut. Et combien d'argent ne seroit-il pas entré du dehors par ce commerce? Seroit-ce trop de dire cent millions de plus?

Il y avoit à Clairac & à Tonneins soixante marchands de tabac qui avoient chacun leurs magazins & leurs fabriques, une compagnie de marchands Italiens, des entrepreneurs pour faire le tabac façon du Brésil, sans parler de tant d'autres marchands répandus dans tout le crû.

Cet auteur, après avoir

B iij

établi de très-beaux principes, a été réduit à déguiser les
faits, parce qu'il ne pouvoit
les ajuster à ses principes ni à
ceux de sa compagnie. Il seroit à souhaiter qu'on prît la
peine de distinguer sur tous les
autres articles les endroits de
son livre où il parle en citoyen, d'avec ceux où il parle
en directeur. Ce seroit une
critique très-utile. Je vais
continuer la mienne ; elle
pourra servir de matériaux
pour l'autre.

CHAPITRE V.

Continuation de la critique de monsieur M E L O N.

Monsieur Melon avance que la culture du tabac étoit un privilége accordé gratuitement, & pour la commodité des fermiers , *à quelques paroisses de Guyenne & de Languedoc* (*a*).

Dans cet exposé, *le directeur reste*, & le *citoyen s'évanouit.*

1°. Lorsque Louis XIV mit le tabac en ferme, il restreignit tout le crû, par son ordonnance de 1681, à trente-deux com-

(*a*) Essai polit. page 161.

B iiij

munautés , dont plufieurs
étoient alors fort confidéra-
bles. Elles font toutes énon-
cées dans l'arrêt de fuppref-
fion que la compagnie des Indes fit rendre en 1719 , avec
quantité d'autres , qui n'ont
pas mieux tourné à l'avantage
du royaume.

2°. La culture du tabac étoit
établie en France , il y avoit
près d'un fiécle , comme
nous l'avons déjà dit. Un
particulier de Clairac , vers
l'année 1630, la porta de l'A-
mérique dans fon païs ; il fut
le premier qui cultiva & fabri-
qua le tabac dans ce royaume
pour en faire du revenu. Elle
s'étendit non-feulement dans

ces trente-deux communautés, mais dans plufieurs autres, que les fermiers firent apparemment retrancher, dans la crainte qu'il n'y eût trop de tabacs pour la confommation, laquelle en effet ne devoit pas être fort grande en ce temps-là. Ils fe mirent peu en peine du commerce qu'on auroit pu faire de cet utile fuperflu.

Ces communautés ne furent donc pas gratifiées d'un nouveau privilége. L'on ne peut pas dire que du moins on leur fit grace en leur laiffant la culture, puifqu'avant qu'on eût pu l'établir ailleurs, le bail des fermiers auroit expiré. Il eft vrai qu'on auroit pu la fup-

primer dès-lors; & cela fut en
effet propofé à chaque renouvellement de la ferme , même
d'en augmenter le prix à cette
condition : mais Louis XIV,
tant qu'il vécut , refufa conftamment ces offres, en tel état
d'épuifement qu'il ait vu fes
finances.

J'ai fait voir l'illufion des
promeffes de meffieurs les directeurs à l'égard de la Louifiane. Je ne m'y arrêterai point
davantage. Mais je ne puis
m'empêcher de témoigner ma
furprife de ce que monfieur
Melon y infifte encore fi
long-temps, après en avoir vu
l'inexécution. Une colonie
encore au berceau , comme il

le dit lui-même , après tant d'efforts, de dépenfes & de facrifices, y reftera éternelle-ment, ou ruinera la métropole.

Mais fi l'on veut étendre nos colonies en Amérique , j'oferois prefque demander pourquoi l'on ne s'attache pas par préférence à celle de Cayenne? On y peut culti-ver plufieurs denrées précieu-fes, qui ne croiffent point dans le royaume , ni dans nos au-tres colonies, & nous n'au-rions pas befoin d'y envoyer dix mille de nos habitans.

C'eft augmenter fes richef-fes, que d'augmenter fes cul-tures en nombre & en pro-duits : mais ce n'eft pas au-

B vj

gmenter ſes cultures , que de les porter ailleurs avec ſon peuple ; c'eſt courir le riſque d'être privé de celles qu'on ſe réſerve.

Si nous recueillons à Cayenne du cacao, qui ne peut plus venir dans nos iſles , & qui croît naturellement dans cette colonie , nous augmenterons nos cultures : de même, ſi nous y faiſons venir une plus grande quantité de ce beau coton, qui, à ce qu'on prétend, ſurpaſſe en fineſſe & en bonté celui des Indes. On dit auſſi qu'il y a des canelliers ſauvages , du rocou , &c. Il n'eſt pas douteux qu'on n'y pût avoir beaucoup de cochenille.

La Louisiane communique avec le Canada. C'est un grand avantage. Mais, pour en pouvoir profiter, je soutiens qu'il faudroit dépeupler la moitié de la France. Une colonie d'une si vaste étenduë auroit besoin de plusieurs millions d'habitans ; sans quoi il est impossible qu'elle se défende, & que la communication avec le Canada soit d'aucune utilité.

J'opposerai monsieur Melon à lui-même. Ce qu'il dit au sujet des colonies , dans un autre endroit de son livre, est si beau & si sensé, que je crois qu'on le relira ici avec un nouveau plaisir.

« Une nation qui se dépeu-

» ple pour aller au loin habiter
» de nouvelles terres, quel-
» que riches qu'elles foient,
» devient bientôt également
» foible par tout. Sa force doit
» être dans le lieu de fa domi-
» nation. Toutes les colonies
» ne la tirent que de là, ou
» deviennent bien-tôt indé-
» pendantes. Le légiflateur
» doit plutôt rappeller fes fu-
» jets & perdre tout ce qui eft
» par-delà fes limites, que de
» s'affoiblir chez lui; car il
» perdra infenfiblement fon
» païs & fes colonies (*a*).

(*a*) Effai polit. fur le commerce, pag. 36 &
37. V. encore la pag 'uivante. Si l'Efpagne, y
eft-il dit, avoit en Europe tous fes Efpagnols
Amériquains, l'Amérique fous une domination
étrangere leur feroit plus avantageufe.

CHAPITRE VI.

Comment on pourroit rétablir les plantations du tabac.

L E tabac étoit d'abord une culture auſſi libre que toutes les autres, &, comme on l'a montré, une des plus utiles. Il fut mis en régie, puis en ferme, ce qui en arrêta les progrès.

Je doute qu'on puiſſe convenir avec les fermiers pour le rétabliſſement des plantations. Si l'on prenoit ce parti, il faudroit ſuivre la ſage ordonnance de Louis XIV, du 22 juillet 1681 ; à cela près,

qu'on feroit obligé d'étendre
le crû, parce que la confommation & le commerce de
cette denrée ont beaucoup
augmenté.

Il faudroit encore que les
cultivans & les fermiers fe
foumiffent de nouveau à une
convention admirable, qu'ils
avoient paffé entr'eux de gré
à gré, en fuivant l'efprit de
cette ordonnance. Cette convention renfermoit onze articles très-fenfés, autorifés d'a-
bord par une ordonnance de
M. de la Bourdonnaie, in-
tendant de Bordeaux, le 12
août 1709 ; & renouvellés
à la requête des fermiers eux-
mêmes, par une autre ordon-

nance de M. de Lamoignon, son succeffeur, du 16 juillet 1710. Les cultivans ayant le même intérêt que les fermiers, d'empêcher les fraudes , fe foumettent par ces articles à toutes les précautions raifon‑ nables ; & les fermiers n'en exigent pas d'autres. Mais c'eft en vain qu'on a propofé jufqu'à ce jour de renouveller ce traité. Les fermiers, comme tous les autres entrepreneurs de fournitures, aimeront tou‑ jours mieux traiter avec les étrangers, parce que cela leur eft plus commode , & ils fe ferviront toujours du prétexte des fraudes. On fait cependant plus de fraudes qu'on n'en fai‑

soit dans le temps de la culture ; avec cette différence, que
les contrebandiers portent
aujourd'hui le tabac étranger
dans le royaume, au lieu qu'ils
exportoient autrefois le nôtre.

Une régie intelligente ne
feroit point cette mauvaise
difficulté, & rendroit beaucoup plus au roi, comme on
l'a éprouvé en Espagne ; le roi
gagneroit ce que les fermiers
gagnent sur lui & sur ses sujets,
& augmenteroit beaucoup le
commerce & la navigation.
Mais il faudroit que la régie
fût toujours dans des mains
habiles, prudentes & désinté-
ressées ; ce qui n'est pas im-

possible. Cependant il y auroit
à risquer, que cette régie n'é-
tant pas tout d'un coup bien
entendue, il n'y eût quelque
diminution momentanée dans
les revenus du roi.

Le meilleur, le plus prompt,
le plus simple de tous les
moyens, & qui ne laisseroit
aucun vuide d'un moment dans
les finances de sa majesté, seroit de rendre à un chacun la
liberté de cultiver, de fabri-
quer, & de vendre le tabac,
dans & hors le royaume : il
n'y auroit qu'à mettre un droit
un peu haut sur l'entrée des
tabacs étrangers, autres que
ceux du crû de nos colonies.

Il est certain que les choses

ne fe rétabliffent jamais mieux
que de la façon dont elles fe
font établies. La culture fe ré-
tabliroit donc d'elle-même,
& attireroit bien-tôt dans les
campagnes, comme elle fit
autrefois, un nombre infini de
cultivateurs, d'artifans & de
commerçans (a).

Mais comment remplacer
fi vîte le montant de la ferme?

On fe récriera beaucoup
fans doute, fi je propofe une
capitation fur un peuple déjà
fi chargé d'impôts : je l'oferai
pourtant, puifque cela a été

(a) Les plantations de tabac font en grand
nombre dans toute la Marche de Brandebourg,
& font fubfifte beaucoup de pauvres gens Mem.
fur le commerce de la Marche de Brandebourg,
dans le journ. économ. juin 1754.

proposé dans d'autres païs (*a*),
& je fupplie le lecteur de vouloir bien pefer avec attention
ce que je vais dire.

Sur qui fe prennent les profits des fermiers, les frais de la
régie & du tranfport des matiéres, l'achat de ces matiéres
qui fe détruifent journelle-
ment par la confommation,
& dont il ne refte rien ? n'eft-ce
pas fur le peuple ? Croit-on
que cette charge foit bien mo-
dique, & qu'elle ne l'épuifera
jamais ?

Les fermiers achetent pour
fix millions tous les ans de ta-

(*a*) En dernier lieu à Hanovre. Le roi d'Efpagne a converti en une capitation le droit qu'il
avoit de la vente exclufive de l'eau de vie, & a
fait par-là un très-grand bien à fes fujets.

bacs étrangers, qui leur re-
viennent, rendus en France,
à 6 ſols la livre ; il y a un
tiers de déchet ſur ces tabacs
bruts, & il leur en coûte en-
viron un ſol par livre pour
tous les frais de fabrique & de
régie. Un commis qui avoit
été employé dans diverſes ma-
nufactures, m'a même aſſuré
qu'il leur en coûtoit moins.

Les fermiers vendent leur
tabac tout fabriqué à divers
prix, ce qui peut aller l'un dans
l'autre, à 40 ſols la livre.

Deux cent mille quintaux
de tabac brut, déduit un tiers
pour le déchet, donnent cent
trente-trois mille quintaux un
tiers de tabac fabriqué, leſ-

quels, laissant la fraction à part, vendus à 40 sols la livre, ou 200 liv. le quintal, rendent . . . . . .26,600,000 l.

Achat des mat. 6,000,000 l.
Frais de régie   } 6,665,000
& fabrique. . 665,000

Reste de net provenu pour les
fermiers. . . . . . 19,935,000 l.

Mais que le gain du fermier soit plus ou moins considérable, il est toujours sûr que le peuple paie un tribut annuel de vingt-six millions six cent mille liv. soit aux Anglois, soit aux Hollandois & aux autres nations, soit au fermier; sauf ce que celui-ci donne au roi.

Quoique le peuple forte

volontairement cet argent de
fa poche, le préjudice n'en eft
pas moins réel & pour lui &
pour l'état. On diminueroit
donc la charge effective en
paroiffant l'augmenter, fi le
roi vouloit bien fe contenter
d'impofer, par forme de capitation, le montant de fa ferme : c'eft, je penfe, huit millions que les fermiers lui donnent : par conféquent fa majefté foulageroit fon peuple
de fix millions fix cent mille
liv. & empêcheroit qu'il ne
fortît tous les ans fix millions
de fon royaume au profit de
fes ennemis.

Mais le peuple fe croiroit
plus léfé par une impofition;
il

il ne verroit que la charge augmentée, & il ne fentiroit pas le foulagement.

J'ofe bien affurer le contraire. Le peuple feroit charmé de voir qu'il n'enrichit plus ni les Anglois, ni les fermiers, & qu'il ne paie plus rien qu'au roi, pour lequel il facrifieroit tout ; de fe voir d'un côté délivré d'une armée de commis & de gardes, de l'autre d'une armée de contrebandiers & de Mandrins ; de voir enfin, qu'une bonne partie de ces troupes inutiles reviendroit partager avec lui fes travaux pénibles.

On ne peut pas dire que je fuppofe une trop grande

Partie II. C

conſommation. Elle paroîtra
encore plus grande, ſi l'on
conſulte les états des manu-
factures, qui ne contiennent
pas le tabac qui ſe vend en
fraude. Mais on peut s'en aſſu-
rer par un calcul bien ſimple :
A voir l'uſage immodéré que
preſque tout le monde fait aujourd'hui du tabac, ſeroit-ce
trop fort de ſuppoſer qu'il y a
trois millions de perſonnes
qui en prennent, l'un dans l'autre, pour deux liards par jour,
ou une piſtole par an? Or,
à ce compte, il ſe conſomme
tous les ans pour trois millions
de piſtoles de tabac; par conſéquent, trois millions quatre
cent mille liv. de plus que
nous n'avons ſuppoſé.

CHAPITRE VII.

Du bled.

Iʟ falloit que cette culture qui eſt la plus importante par ſon objet, fût auſſi la plus ſimple & la moins coûteuſe. Comme elle doit nourrir tous ceux qui travaillent, & même ceux qui ne travaillent pas, ſi elle occupoit néceſſairement une grande quantité de monde, il n'en reſteroit pas aſſez pour les autres profeſſions ; le bled feroit plus cher qu'il ne doit être, & ſe conſommeroit fouvent par ceux qui le feroient venir.

Mais quelque peu de frais
qu'exige la culture annuelle,
plus on eſt en état d'en faire,
plus elle rend, comme toutes
les autres cultures ; & elle ne
laiſſe pas d'en occaſionner de
temps en temps de très-con-
ſidérables , ſur tout dans cette
province. Les terres, à cauſe
des eaux , ont beſoin de con-
tinuelles réparations : le propriétaire eſt ſouvent en avance
avec le métayer , toujours
avec le collecteur, & pour les
capitaux qui ſont très-forts.
On eſt obligé de ſe ſervir de
bœufs pour labourer. Un bon
attellage, avec la charrette, &
les inſtrumens aratoires, forme
un capital de cinq à ſix cent

liv. Les frais ordinaires de la nourriture d'une paire de bœufs, avec celle du valet qui les conduit, & ses gages, vont à vingt sols par jour (*a*).

J'avois beaucoup d'observations sur cette culture : mais après avoir lu l'excellent traité de la police des grains , je trouve qu'il me reste peu de chose à dire. Je voudrois de tout mon cœur avoir été prévenu de même sur tous les articles.

(*a*) Le foin est à 40 & 50 s. le quintal , souvent plus cher , & rarement moins , à cause du mauvais état des ruisseaux. Il faut 50 quintaux de foin par paire de bœufs ; on met le tiers des terres en fourrages , on achete du son & même de la paille. Un bouvier ne coûte pas moins de 200 liv. Les charrois seroient impratiquables pour des chevaux.

Les bleds de la Guyenne font en général d'une très-bonne qualité , très-propres pour la garde, pour le tranf-port, pour la fabrique infini-ment utile des minots & des bifcuits. Ceux du Querci, & de plufieurs autres crûs de la haute Guyenne, qui vont af-fez de pair, ont le plus de ré-putation. Il eft certain qu'ils font fort fupérieurs, pour tous ces différens ufages, aux bleds d'Angleterre & du nord ; & qu'il s'en feroit un plus grand commerce. Le tranfport en feroit fi facile , qu'il ne falloit pas moins qu'une police auffi défectueufe , pour en donner tout l'avantage aux autres na-tions.

Les récoltes ne font jamais médiocres dans cette province, comme je l'ai déja dit. J'ai dit aussi que je pourrois en rendre la raison dans ce chapitre ; je crois en effet l'avoir trouvée.

Les années féches, qui font manquer la récolte en Espagne & en Portugal, nous procurent d'ordinaire l'abondance ; & les faifons humides, qui procurent une fi grande abondance dans quelques provinces d'Espagne (*a*), font périr les bleds dans celle-ci.

Ce n'eft pas à dire qu'une trop grande humidité ne fît

(*a*) L'Andaloufie, dans ces années là, recueilleroit du bled pour dix ans, fi les terres étoient bien travaillées.

C iiij

périr le bled en Efpagne, comme ici ; mais dans ce païs-là, pendant que nous avons des pluies exceffives & des orages continuels, ils n'ont que des pluies douces & des rofées abondantes.

La féchereffe au contraire eft toujours moins forte dans cette province qu'en Efpagne; elle nous donne le temps de bien travailler nos terres, qui produifent étonnamment a-près plufieurs années humides.

M. de Buffon obferve très-bien, que l'eau des pluies, quand elle a croupi, dépofe un limon rougeâtre qui donne de la fertilité aux terres (a).

(a) Hift. nat. tome 1, page 233.

C'eſt une remarque des laboureurs, que les longues pluies
engraiſſent les ſillons, ainſi
que la neige : il en eſt de même de toutes les eaux croupiſ-
ſantes : Rien de ſi fertile que
les marais deſſéchés.

Les terreins un peu élevés,
où les eaux ne ſéjournent
point, ne ſont point ſujets à
ces variations : la récolte y eſt
toujours médiocre, & tou-
jours aſſez égale.

C'eſt une ancienne obſer-
vation, que la plaine fait l'a-
bondance. Mais ce que je
viens d'obſerver à l'égard de
cette province, n'a-t'il pas
lieu, plus ou moins, dans les
autres ? & ne cauſeroit-il pas,

quant au phyſique du moins,
ces alternatives d'abondance
& de diſette qu'on a toujours
éprouvées dans ce royaume?

Ne ſeroit-ce pas un moyen
très-utile de fixer, pour ainſi
dire, l'abondance, que de
faire le long des rivieres, aux
ruiſſeaux & aux terreins en
pente, les réparations dont
j'ai parlé? Ces réparations ne
ſe feroient-elles pas d'elles-
mêmes, ſi la circulation des
denrées étoit libre, ſi la culture étoit animée, & ſi les
charges étoient moins fortes?

On eſt ſurpris de voir que,
ſans aucune attention de la
part de la police, la Barbarie
& le Levant ne manquent ja-

mais de bled, & en fourniffent
même à quelques provinces
de France. Ce n'eft pas feulement parce que les terres y
peuvent être d'une fertilité
plus coûtante, ou parce qu'on
ne gêne pas la fortie des grains,
quoique ces deux chofes y
contribuent fans doute beaucoup : c'eft auffi parce que les
taxes y pèfent moins fur les
cultivateurs ; parce qu'ils y
ont plus d'avantage que les
commerçans. Ceux-ci ne peuvent pas attendre, pour faire
leur commerce, le temps où
l'on eft forcé de vendre pour
payer les tributs : le commerçant achete quand il a des
commiffions : le propriétaire

eſt libre d'accepter le prix qui lui eſt offert , ou d'attendre un prix plus haut.

Le vœu unanime des gran-des villes ſera toujours d'avoir le pain à bon marché : *panem & circenſes*. La crainte de man-quer de bled , ou de ne pou-voir l'acheter à un bas prix, cauſera toujours des diſettes affreuſes en France & en Eſ-pagne , juſqu'à ce qu'on y conſulte les cultivateurs. J'ai vu , malgré toutes leurs re-préſentations , qu'une eſpéce de terreur panique , peut-être répandue à deſſein, avoit rem-pli Bordeaux de bleds d'An-gleterre , & qu'il y fut dé-fendu aux boulangers d'en

employer d'autre , dans un
temps où la province étoit
furchargée de bled & de toutes fortes de grains.

CHAPITRE VIII.

De la nouvelle culture.

JE fuis fâché de ne pouvoir
pas dire quelque chofe de la
nouvelle culture. On en a fait
auffi des effais dans cette province ; mais j'ai eu peu d'oc-
cafions de les obferver.

Il y a plus de vingt ans, que,
dans l'idée où j'étois qu'on
prodiguoit trop le bled de la
femence , & qu'il feroit poffible d'en épargner au moins un

tiers, je fis quelques épreuves
qui me réuſſirent, même avec
la moitié de la ſemence ordinaire. Il eſt fort aiſé, ſans re-
courir à des charrues faites ex-
près, de ne ſemer que la quantité de bled qu'on ſe propoſe;
il ne faut pour cela qu'ajouter
autant de ſable, ou de terre
cuite au four & pulvériſée,
que l'on retranche de bled;
le ſemeur remplit également
ſa main; & une plus grande
préciſion me paroiſſoit aſſez
inutile pour une pratique
qui n'en eſt guere ſuſcepti-
ble.

Je me rebutai de ces expériences, parce que je vis qu'il
m'étoit impoſſible de les ſuivre

autant que je le jugeois néceffaire pour en tirer quelqu'utilité. J'approuve beaucoup
ceux qui s'y appliquent : mais
je crois devoir les avertir qu'il
faut femer plus ou moins de
bled fuivant les années. Lorfque l'année eft féche, il en faut
moins ; &, comme je l'ai dit,
j'ai réuffi en ne mettant que
la moitié de la femence ordinaire : je n'ai pas été plus loin.
Mais quand l'année eft fort
humide, il faut, du moins dans
ce païs-ci, un tiers de plus
qu'on n'en féme ordinairement. J'avoue que c'eft un laboureur qui m'a fourni cette
derniere obfervation ; il l'a-
voit faite de lui-même avant

que j'y eusse pensé, & il s'en
trouvoit très-bien. J'ajoute-
rai que, dans un pays où il
faut souvent acheter de la
paille, où elle est fort chere,
& à proportion plus que le
bled, cet inconvénient diminue beaucoup les avantages
de la nouvelle culture, dont
un des plus intéressans seroit
de prévenir les mauvais effets
du brouillard. J'en parlerai
ci après au chap. X.

Je crois encore pouvoir
rappeller ici ce que j'ai dit au
commencement de cet ou-
vrage : Animez le commerce
d'une denrée, vous en aurez
bientôt au-delà de ce qu'il
faut. Le cultivateur, l'artisan

& le négociant peuvent dire
tous : Laissez-nous faire (*a*).

(*a*) On prétend que c'est la réponse qui fut
faite à M. Colbert par un fameux négociant, à
qui ce grand ministre demandoit ses avis pour
perfectionner & étendre le commerce.

CHAPITRE IX.

Des minots , biscuits , & secondes farines.

C E S trois professions seront écrasées , si jamais il s'é-
tablit à Bordeaux une manu-
facture royale & privilégiée
de minots & de biscuits pour
les vaisseaux. Les entrepre-
néurs traiteront indubitable-
ment avec les Anglois, 1°.
parce que cela sera plus com-

mode que d'avoir des com-
miffionnaires dans toutes les
petites villes; 2°. parce que
deux ou trois gros négocians
de cette nation peuvent toujours traiter à meilleur marché, à caufe du bénéfice que
l'état leur accorde pour l'ex-
traction des grains (*a*).

Si l'on ne permet point de
vendre à Bordeaux les fecondes farines que les minotiers

(*a*) A caufe du fret qu'ils gagnent fur nous ; à
caufe que, toutes chofes égales d'ailleurs, ils peuvent fe contenter de 3 pour ⁰⁄₀ de moins de profit,
ayant l'intérêt de l'argent à 3 p. ⁰⁄₀ meilleur marché. Cette fatale différence influe fur toutes les
branches de notre commerce étranger. Nous
avons fait fentir la néceffité de ce commerce,
particuliérement avec le nord : n'eft-ce point
affez pour faire fentir auffi la néceffité de réduire
l'intérêt de l'argent? Les Anglois l'ont ofé, &
l'ont fait avec une dette nationale qui excéde
cinq ou fix fois la valeur de tout ce qu'ils peuvent
avoir d'efpéces monnoyées, & peut-être de matiéres.

ne fçauroient vendre, faute de
confommation dans les pe-
tites villes où font leurs fabriques, toutes ces fabriques
tomberont néceffairement.

Si ces fabriques tombent,
nous perdrons le commerce
que nous faifons avec le plus
d'intelligence, d'une denrée
du païs, manufacturée par nos
artifans, dont la traite fe fait
par nos feuls négocians, &
exportée fur nos propres vaiffeaux.

CHAPITRE X.

Des cas fortuits, & du brouillard.

J'AI dit que la proximité des deux mers & des montagnes expoſoit cette province, particuliérement la haute Guyenne, à de fréquens orages. En 1747, pendant tout le mois de juin, je n'ai pas vu un ſeul jour où il n'y eût pluſieurs orages; & il n'y avoit point d'orage ſans grêle.

Je ne parlerai point de la maladie du bled dont on a ſi clairement démontré que la chaux eſt le vrai remé-

de (*a*). Il seroit bien à desirer qu'on en trouvât un aussi
sûr contre une maladie encore
plus générale & plus funeste,
dont on attribue la cause à un
mauvais *brouillard* : en atten-
dant, j'indiquerai le meilleur
préservatif que mes observations m'ont fait connoître :
c'est de ne point épargner la
culture, & de la proportionner aux besoins des terres.
Mais malheureusement, on ne
peut la proportionner qu'à ses
facultés : la nouvelle culture
seroit admirable, parce qu'on
peut travailler chaque pied de
bled.

(*a*) [M. du Tillet.] C'est une très-grande dé-
couverte que de ne laisser aucun doute sur une
pratique ancienne qui est si utile, & que bien des
gens négligeoient.

Ce qu'on appelle mauvais brouillard dans cette province, n'eſt-ce pas ce brouillard viſible qui n'eſt proprement qu'un nuage, dont la peſanteur ſpécifique varie ; c'eſt une eſpéce de vapeur maligne, qui fait avorter tous les fruits, & dont l'effet eſt quelquefois ſi prompt & ſi étendu, qu'il détruit en moins de 24 heures toutes les moiſſons d'une plaine.

Cette peſte du regne végétal, comme celle du regne animal, attaque principalement ce qui eſt mal ſoigné & mal nourri, & fait moins de ravage dans les endroits fort airés & bien expoſés.

Dans le pays où l'on cultivoit le tabac, comme on avoit plus conftamment qu'ailleurs, & qu'on n'a eu depuis, des récoltes fort abondantes en grains, on imaginoit que cette plante a quelque vertu pour garantir du brouillard; mais c'étoit un effet de cette bonne culture dont nous avons parlé.

Le peuple attribue à l'effet du brouillard le ravage des infectes.

Leur prodigieufe multiplication dans certaines années, ne viendroit-elle pas principalement de ce qu'on n'a pu affez cultiver la terre?

Il y a une infinité de mou-

ches de différentes efpéces,
dont les vers fe nourriffent
dans la terre : ils en fortent au
printemps pour ronger les
plantes , & y rentrent pour
s'y transformer. M. de Réaumur a obfervé que tous ces
vers ont befoin, pour prendre leur accroiffement , &
pour fubir leurs diverfes trans-
formations, d'être un certain
temps cachés , & en repos,
fous la terre , dans des endroits qui retiennent l'humidité : ils fe mettent près de la
racine des plantes : dans les
terres extrémement culti-
vées , on voit qu'ils ne fcau-
roient fe conferver. On en
écrafe ; on en découvre d'autres ,

tres, que le grand air defsé-
che, ou que les oifeaux dé-
vorent, &c.

Une efpéce de ces faufses
chenilles, qu'on avoit à peine
remarquée jufqu'ici (& l'on
ne fçait point encore de quelle
mouche elle vient), s'eft tout
à coup multipliée dans cette
province, à un point qui
étonne, & qui allarme. En
remuant la terre, on en trouve
par tout : elles ont ravagé
beaucoup de vignes, & elles
attaquent toutes fortes de
plantes, jufqu'aux plus âcres,
l'ail, l'oignon, &c. on craint
qu'elles ne gâtent les chan-
vres & les bleds. Il eft à re-
marquer que les vignes, &

Partie II. D

généralement toutes les terres, n'ont jamais été si peu
travaillées que depuis ces der-
nieres années, où les denrées
ne se vendent pas.

CHAPITRE XI.

Préjugé des grandes villes.

JE croyois avoir fini l'article important de la culture du
bled; mais je n'avois vu que
ce qui a été publié sur cette matiére : on a eu la bonté de me
communiquer de nouvelles
réflexions, contre des préjugés toujours victorieux, toujours renaissans, plus funestes
pour les campagnes que tous

les cas fortuits. Quelle hydre nous avons à combattre ! Je crains qu'elle ne peut être abbattue que d'un feul coup d'autorité.

Je prie cependant les habitans des grandes villes, s'ils lifent cet ouvrage, de ne point féparer leur intérêt de celui du cultivateur. C'eft ce qui perd tout. Je les prie de ne point fermer leurs portes & leurs avenues à l'abondance.

Si le cultivateur n'eft pas libre de vendre fon bled, lorf-qu'il en a procuré l'abondance ; lorfque, par fes foins, fon travail, fes avances, il a dompté, pour ainfi dire, la ftérilité des terres, & l'intem-

périe des ſaiſons ; comment
ne ſe rebutera-t'il point d'une
culture dont il eſt le ſeul qui
ne profite pas ? Comment ſe-
ra-t'il en état d'en ſoutenir les
frais & la fatigue ?

Je prie encore les habitans
des grandes villes, s'ils ſuſ-
pectent ma partialité, ou mes
lumieres, de conſulter leurs
concitoyens les plus éclairés.

Ils verront que les hommes
les plus reſpectables, les meilleurs ſujets du meilleur des
princes, ſont auſſi les concitoyens du laboureur ; &
que l'humanité n'eſt reſſerrée
que par les bornes du génie.

Ils verront que les plus
grands hommes d'état ſont au-

jourd'hui certains que nos di-
fettes viennent de ce que nous
avons abandonné nos anciens
principes de police ; & de ce
que nous craignons cette liberté de vendre nos grains à
l'étranger, que M. de Sully
regardoit comme le foutien
des campagnes, & la mere de
l'abondance. Pendant que la
France a pu vendre fes bleds
à l'étranger, elle n'a prefque
jamais eu befoin de lui pour
fa fubfiftance, malgré les guerres qu'elle avoit au dehors,
& celles qui ont fi long-temps
déchiré fon fein : nous étions
en état de fournir du bled à
l'Angleterre(a), qui nous en

(a) On voit par les actes du Parlement d'An-

D iij

a fourni constamment, depuis qu'elle a pris & perfectionné nos maximes, & que nous en suivons opiniâtrément de tout opposées.

Mille personnes actuellement vivantes peuvent se rappeller que les trois plus grandes guerres que la France ait eu à soutenir depuis l'interdiction de la sortie des grains, ont fini par les trois plus grandes disettes qu'on eût encore essuyées. Il y eut une véritable famine avant la paix de Riswick, une autre avant la paix d'Utrecth, & nous éprou-

gleterre en 1621, que les Anglois furent obligés de charger de droits l'entrée de nos bleds, pour en empêcher l'importation, comme ils ont fait depuis à l'égard de nos vins.

vions la troifiéme dans le temps qu'on fignoit le traité d'Aix-la-Chapelle.

Le haut prix du marc d'argent laiffe un refte de vie à notre foible culture : Ç'a été un parti plus fage que l'affoibliffement des monnoies à quoi l'on a eu recours en Efpagne (*a*) ; mais ce n'eft qu'un palliatif qui empêche de voir les progrès de la langueur, & d'y porter à temps les remèdes efficaces.

Le premier remède , & qu'exigeoit d'abord l'aug-

(*a*) Si l'on n'eût pas pris ce parti défefpéré en Efpagne, fous Philippe III, les terres alloient refter en friche , par l'impoffibilité de payer les charges. Les fuites en furent affreufes , [V. Uftariz , chap. 104] mais cela donna lieu à la culture de fe foutenir encore un peu.

D iiij

mentation même , quoiqu'i-
déale, du marc d'argent, eft
la réduction de l'intérêt de
l'argent. La quantité de la
maffe d'argent a été à certains égards comme doublée.
Or, c'eft un principe incon-
teftable que nous avons nous-
mêmes enfeigné à l'Angle-
terre , & dont elle ne s'écarte
pas depuis plus de 80 ans,
que l'intérêt doit diminuer
dans la proportion que la
maffe augmente (*a*).

(*a*) Ce principe a été démontré à cette nation
par un négociant, nommé Child , qu'elle regarde
comme fon légiflateur. On le démontre à la nôtre qui paroît l'avoir oublié dans les remarques
qui m'ont été communiquées. C'eft fur ce principe que l'intérêt de notre argent fut réduit à 5
p. : & l'auteur prétend que la maffe réelle de
l'argent eft quadruplée depuis cette premiere
réduction.

Il eût été mieux d'avoir fait ces deux opérations en même temps ; & que l'intérêt de l'argent qui se soutient toujours à 5 & à 6 p. $\frac{2}{0}$, eût été réduit dès-lors à 2$\frac{1}{2}$, & à 3, ou du moins à 4, comme il l'est chez toutes les nations commerçantes ; nous aurions deux cent millions dans notre commerce qui ont passé dans celui des étrangers. Mais cette derniere opération est indispensable aujourd'hui, parce que la crainte des diminutions n'accélérant plus la circulation de l'argent & des denrées, la plus grande partie de nos fonds de toute espéce reste en main morte.

D v

L'égalité de l'intérêt de l'argent eſt encore plus indiſpenſable dans tout commerce de concurrence, & ſurtout dans celui des grains : les magazins de bled ne ſe font pas dans les pays où eſt la plus grande abondance, mais dans ceux où l'intérêt de l'argent eſt le plus bas. C'eſt ce qui paie les frais de la garde & de l'attente : c'eſt ce qui leur donne l'avantage de ne manquer jamais de bled ; & d'en vendre aſſez ſouvent à la France & à l'Eſpagne, autrefois les royaumes les plus fertiles de l'Europe.

Mais quelqu'efficace que ſoit ce moyen, il ne ſuffit pas.

Il n'est pas moins indispensable d'accorder une liberté
entiere & indéfinie pour la
sortie des grains , qui ne puisse
être limitée que par le prix
même , lorsqu'il passe 20 liv.
le quintal , si l'on veut ; qui ne
dépende jamais des permis-
sions générales données pour
un temps quelconque, ou pour
un port plutôt que pour un
autre ; moins encore des per-
missions particulieres.

Un commerçant fera-t'il
des spéculations sur une denrée qu'on ne regarde point
comme marchandise , & dont
il n'est jamais sûr de pouvoir
disposer ? Que lui servira la
liberté d'un port, s'il se trouve

le plus éloigné de ses corres-
pondances, de la province où
il achete , & de celle où il
vend?

Si nous voulons encore
être plus surs de ce commerce, & nous en voir à jamais
les maîtres, ôtons-le tout-à-
fait aux étrangers : Portons
nous-mêmes nos bleds sur
nos vaisseaux, partout où l'on
en demandera : Ne permet-
tons plus aux Hollandois de
venir acheter du bled en Bretagne à 10 liv. le sac, & de
l'aller revendre 15 en Provence : Leurs meilleurs amis
leur permettroient-ils d'aller
prendre le charbon à New-
castle, pour le porter à Lon-

dres ? Qui nous empêche d'a-
voir une marine marchande,
base de la marine royale, par
le même acte de navigation
qui l'a créée en Angleterre,
& depuis peu en Suéde (*a*) ?

Ne décrions plus, comme
une usure honteuse, le gain
honnête du marchand qui enrichit le laboureur: cessons de
rendre néceffaires, légitimes,
honorables même, les fortu-
nes criantes du traitant qui ne
craint point de tarir la source
où il puise : Tâchons de nous
paffer de fon fecours autant

(*a*) Les Anglois n'avoient pas autant de vaiffeaux que nous en avons, quand ils ratifierent en
1660, cet acte de navigation fait par Cromwell.
Les Suédois, qui n'ont fuivi cet exemple qu'en
1727, n'avoient pour toute marine marchande
que 50 vaiffeaux à Stockolm, & ils en ont à pré-
fent 650. *Mêmes Remarques.*

que du fecours étranger.

Penfons pour le manufac-
turier & pour l'artifan qui n'i-
maginent pas que la richeffe
du laboureur affure leur fubfiftance, & fait valoir le produit
de leur induftrie par fes con-
fommations : Procurons-leur
des magazins libres, qui ne
leur coûteront rien, ni à l'état,
& qui les raffureront dès le
jour même qu'ils les verront
établis : Ils font déjà accoutu-
més d'en voir de cette efpéce
chez les négocians qui font le
commerce des minots : ils en
ont fenti l'avantage & la commodité pendant la derniere difette (a) ; ils verront bientôt

(a) Les fecondes farines des minottiers fai-

avec plaifir mille autres gre-
niers toujours remplis & toujours ouverts.

Dans la difette générale qui
fuivit l'hyver de 1709, l'A-
genois auroit péri de faim fans
les amas de bled qu'avoit fait
un négociant de ce pays
nommé Vignes : Eut-on be-
foin des magiftrats pour lui
faire ouvrir fes magazins ? Il
donna du bled tant qu'on en
voulut, à crédit, à des gens
folvables qui en faifoient la
diftribution dans leurs paroiffes (*a*).

foient du pain admirable, & qui n'étoit pas bien
cher ; elles furent d'un très-grand fecours au
peuple.

(*a*) Bien des gens s'en fouviennent encore,
mais de pareils fervices méritent qu'on s'en fou-
vienne toujours.

CHAPITRE XII.

De l'arrêt du 17 septembre 1754.

CET arrêt fit concevoir les plus belles espérances : On jugea que le commerce des grains alloit être entiérement libre : On avoit du regret qu'il ne l'eût pas été quelques mois auparavant; dans le temps que l'Espagne, le Portugal, l'Italie même étoient dans la plus grande disette, & que nous nous trouvions dans la plus grande abondance. Il seroit entré, disoit-on, trois millions dans cette province, & autant dans le Languedoc;

autant, ou plus dans la Bretagne ; & nous aurions encore affez de bled (*a*) : tout cet argent a paffé chez les Anglois pour l'approvifionnement des pays dont nous fommes plus à portée qu'eux.

Mais, quand on s'apperçut que le marchand n'achetoit pas, que le bled reftoit au même prix fans circulation & fans demande, on comprit que le préjugé fubfiftoit encore d'un côté, & la défiance de l'autre.

Il eft à craindre que la culture fera plutôt détruite que le préjugé : elle eft, pour ainfi

(*a*) Je fuis informé que dans plufieurs canrons de cette province, & en particulier dans le Périgord, on a encore la récolte de trois ans.

dire , expirante. Comment
pourroit-elle se soutenir? comment le préjugé ne se soutien-
droit-il pas? Les grandes villes ont attiré l'argent, le peuple , le commerce & l'industrie : Les droits d'entrée sur
toutes les productions de la
terre qui ne sont pas du bled,
rendent davantage à proportion que la culture diminue,
& que la campagne se dépeuple.

Le moyen le plus prompt
pour avoir de l'argent, est de
le prendre où il est. Les campagnes n'en peuvent fournir
assez-tôt pour les besoins pres-
sans : le peuple s'y plaint toujours qu'il est trop chargé;

au lieu que dans les villes, il
ne crie que contre la cherté
du pain.

On s'attache à des fonds
qui rendent beaucoup , qui
rendent facilement, & qu'on
a fous les yeux ; on n'a guére
d'attention aux fonds éloi-
gnés : ils ceffent de rendre,
parce qu'on les néglige; &
on les néglige davantage.

Plus on différera de donner
une liberté entiere pour l'ex-
traction des grains ; plus on
ménagera le préjugé , plus il
prendra de force : On recueil-
lera tous les ans moins de bled;
la crainte d'en manquer paroîtra mieux fondée ; & à la
fin , toutes les têtes de l'hydre

fe réuniront contre une liberté qui deviendra peut-être
inutile.

Revenons encore à l'arrêt
de 1754. Nous avons fuppofé
que nous étions en état, après
les récoltes de 1752 & 1753,
d'exporter du bled pour plufieurs millions, fans dégarnir
le royaume : Toutes les fois
que nous ferons dans un cas
pareil, la liberté de l'extrac-
tion du bled fera donc fort
utile.

Qu'arrivera-t'il fi la maffe
des grains n'eft pas fuffifante ?
rien autre chofe, finon que
nous ne pourrons point en
exporter du tout, quelque liberté qu'on nous laiffe : Le

prix du bled en avertira les
marchands, quand la loi ne
le feroit pas : Nos marchands,
toutes chofes égales d'ailleurs,
ont un grand défavantage dans
ce commerce, par la raifon
du haut prix de l'intérêt qui
leur enchérit la denrée de 3
p. $\frac{0}{0}$: Ainfi, tant que l'intérêt fera plus haut en France,
qu'en Angleterre & en Hollande, quand il ne le feroit
que d'un pour cent, ces deux
nations nous empêcheront
toujours de fortir beaucoup
de bled du royaume, à moins
d'une exceffive abondance,
ou d'un aviliffement forcé :
ce dernier cas n'avertit point
comme l'autre ; il peut être

pris pour l'abondance, & donner lieu à l'avidité de furprendre des permiffions qui épuifent le royaume: Mais, comme on voit, il eft incompatible avec une liberté entiere & indéfinie; & c'eft peut-être ce qui doit le plus la faire regarder comme néceffaire.

CHAPITRE XIII.

Des meuriers & de la foie.

ON commence à planter quantité de meuriers dans cette province : On croit qu'ils y réuffiront mieux que dans le Languedoc.

Je ne penfe pas que per-

sonne ait montré plus de zéle
que moi pour cette plantation. Je suis le premier qui
ai tâché de l'introduire & de
l'animer dans le canton que
j'habite ; il n'y a point de culture qui ne me paroisse pré-
cieuse pour l'état , parce que
j'ai toujours senti que c'est en
cela que consistent essentiel-
lement sa force & ses riches-
ses.

Mais , qu'il me soit permis
de le dire , par cette même
raison, si l'on compare la culture des meuriers avec celles
que nous avons perdues , ou
extrémement négligées , on
ne pourra s'empêcher d'être
surpris de la maniere diffé-

rente dont nous femblons les
regarder.

Je n'entends dire autre chofe, fi ce n'eft qu'il fort beaucoup d'argent du royaume
pour l'achat de la foie, & je
fuis charmé qu'on le dife, &
qu'on s'en apperçoive ; mais
quand ferons-nous attention
à tant d'autres denrées que
nous achetons ? On diroit qu'il
n'y a que la foie qui nous coûte, & c'eft peut-être une de
celles qui nous coûtent le
moins.

1°. Il faut déduire fur l'a-
chat de la foie, le prix du fret
que nous gagnons à l'aller
chercher nous - mêmes , le
profit que nous faifons fur nos
échanges,

échanges, enfin le prix de notre main d'œuvre fur une
grande partie de cette foie
que nous réexportons toute
travaillée.

2°. Nous permettons qu'on
nous porte tout le tabac que
nous confommons en entier,
autrefois cultivé, fabriqué &
exporté par nous; différence
la plus ruineufe qu'il foit poffible d'imaginer.

3°. Nous permettons de
même qu'on nous porte tous
les ans pour notre feule confommation, quantité de chanvre, & fouvent du bled, du
lin, de la laine, de l'huile, de
la cire, des bois, &c. que
nous pourrions avoir ou en

Partie II. E

France, ou dans nos colo-
nies, ou aller chercher dans
le nord.

4°. Nous souffrons que les
Anglois ne prennent rien de
nous , que de l'argent, en
échange de leur tabac , du
bled, de l'étain, du charbon,
&c. & que les Hollandois
viennent chercher nos vins ,
eaux-de-vie, fruits, &c. pour
en faire dans le nord un commerce dont nous payons tous
les frais , & dont ils ont si bien
tous les profits , qu'il ne nous
reste rien pour cultiver nos
terres.

Quand nous recueillerions
assez de soie pour être dispen-
sés d'en acheter, & pour en

vendre même beaucoup ; la perte de nos anciennes cultures ne feroit pas compenfée : Suppofons pour un moment qu'elle le fût, ce qui eft impoffible, & que cette nouvelle culture nous fît parvenir à ce point dangereux de pouvoir nous paffer des autres : Qu'arriveroit - il ? Ce travail dure fi peu, & occupe fi peu d'hommes à la campagne, que la plupart feroient obligés d'aller chercher de l'emploi dans les villes. Ce changement de vignerons & de laboureurs, en ouvriers en foie & autres artifans fédentaires, feroit dégénérer l'efpéce en moins d'un demi-fié-

cle : L'état ne retrouveroit
plus , pour recruter fes armées
& fes flottes , ce peuple am-
phibie , cultivateur l'été , &
l'hyver matelot , endurci à la
plus forte fatigue ; & de-là ,
quels inconvéniens?

Mais raffurons-nous : Avant
que les meuriers ne faffent un
revenu dans les provinces où
l'on tâche d'en introduire la
plantation , on aura le temps
d'en avoir dans tous les pays
du nord & du midi. Le meurier vient bien partout à l'é-
gard du midi ; l'Efpagne feule , quand elle voudra , en
étendra la culture , pourra
fournir de la foie à toute
l'Europe. D. Geronymo de

Uſtariz dit : » Nous avons au-
» tant de ſoie que nous en
» pouvons employer actuelle-
» ment, & même beaucoup
» plus ; puiſque du ſeul royau-
» me de Murcie , il en ſort
» ordinairement par an deux
» cent milliers en *mutaſſe*. . . .
» Il n'eſt pas douteux que ſi
» l'on favoriſe les manufac-
» tures de ſoieries, nous pour-
» rons aiſément augmenter
» nos récoltes, à la faveur de
» notre climat, par la plan-
» tation des meuriers, & la
» multiplication des vers (a).
  Dans le nord, le roi de Pruſſe
poſſéde un vaſte pays , où la

(a) Théorie & pratique du commerce & de la
marine, chap. 91

terre , légere, profonde & fa-
bloneuse, arrosée par plusieurs
rivieres , est la plus propre
qu'on puisse desirer pour la
culture des arbres : c'est ce
qu'on appelle la Marche de
Brandebourg : Ce prince y a
fait planter une quantité pro-
digieuse de meuriers, & tous
les ans il fait enlever la graine
de ces arbres en Languedoc
& en Provence : Cela n'empêche pas qu'il n'y fasse cultiver aussi beaucoup de tabac :
En moins de 20 ou 30 ans,
la Marche de Brandebourg
fournira de la soie crue, ou
des étoffes, à la Pologne &
à l'Allemagne.

Mais on plante aussi des

meuriers en Saxe, & l'on y fabrique déjà des étoffes de la soie du pays ; il s'en est vendu plusieurs piéces à la derniere foire de Leipsick : On plante beaucoup de meuriers en Dannemarck.

Les Anglois espérent avoir un jour quantité de soie à la Caroline, & à meilleur marché d'un quart que celle d'Europe. Il est certain que toutes les cultures coûtent moins dans les colonies : la premiere dépense des négres une fois faite, on n'y paie point d'impôts, point de gages de domestiques, point de journées de manœuvres, &c.

Cet arbre ne craint ni le

grand froid, ni le grand chaud,
ni la plus longue féchereffe :
Cela vient apparemment de
ce qu'il pouffe un pivot qui
entre profondément dans la
terre où il trouve toujours à
fe nourrir. Quoiqu'il en foit,
il eft très vivace. Il n'y a guéres d'arbres qui réfiftât à des
coupes fi fréquentes, à de fi
fréquens effeuillemens (*a*) ;
il vit très-longtemps de fa
feule écorce.

(*a*) Les meuriers réuffiffent très-bien en taillis,
en jettins, en bofquets à la façon de charmilles,
en hayes. Dans la Tofcane aux environs de Flo-
rence, où il n'y a point de pâturages, on nourrit
les bœufs & autres animaux domeftiques avec la
feuille de meurier. On y fait deux & jufqu'à trois
récoltes de foie dans la même année. Ainfi dans
un pays où l'ardeur du foleil eft très-vive , les
meuriers ne font autre chofe, depuis le commencement de mai jufqu'à la fin de feptembre, que
perdre leurs feuilles, & en reprendre de nou-

On peut faire éclore les
vers à foie pendant tout l'été;
& il ne faut jamais deux mois
pour achever tout l'ouvrage.
Or, il n'y a point de pays
dans le nord où l'on ne jouiſſe
de deux mois de chaleur; ainſi
on peut recueillir de la foie
partout. Il peut même arriver
que la foie du nord fera dans
la ſuite des temps la plus eſti-
mée (*a*).

Enfin, il eſt très-poſſible

velles. [V. Journal œconomique, Févr. 1754.]
M. l'Abbé Nollet a fait les mêmes remarques
dans ſon voyage d'Italie; & il paroît par un mémoire de M. de Vunvages, qu'on a fait auſſi deux
récoltes de foie à Alais dans un an.

(*a*) C'eſt ce qui eſt arrivé à l'égard du lin & du
chanvre, quoique la qualité n'en ſoit pas ſi bonne.
Les ouvriers donnent la préférence à une matiere
bien préparée, à cauſe qu'il y a plus de facilité à
la travailler, & moins de déchet.

E v

que les meuriers ne nous rap-
portent que peu, ou point de
profit ; au lieu que la vigne
auroit toujours pu nous enrichir ; parce qu'on ne fçauroit
la cultiver dans le nord, &
que nous aurions pu en dé-
courager la culture dans le
midi, comme je crois l'avoir
prouvé fuffifamment.

CHAPITRE XIV.

Continuation.

TEL propriétaire qui faifoit
autrefois pour mille écus de
vin, & qui fe trouve aujour-
d'hui réduit à arracher fes vignes, ne fera venir tout au

plus que pour cent écus de
foie : c'eſt le produit à peu
près de trois onces de graine :
On n'en peut guéres avoir
davantage dans chaque cham-
brée.

Pour avoir pluſieurs chambrées, il faut plus de logement
que n'en a d'ordinaire un particulier, & plus de ſoin qu'il
n'en peut prendre.

C'eſt ce qu'on a connu par
l'expérience, dans les pays
où cette culture eſt établie depuis long temps ; & je l'ai
éprouvé moi-même : J'élevai
à deſſein ſix onces de graine
qui réuſſirent très-bien, mais
il fallut en tranſporter la moitié dans une autre maiſon, dès

E vj

que les vers furent un peu grands : J'essayai d'en mettre davantage , tout périt. La même chose arriva huit années de suite chez un particulier, dans les Cévennes, lequel m'a fourni de très-bons mémoires sur cette matiere.

Ce revenu est un objet quand on vend la feuille du meurier. Mais pour faire mille écus de revenu à vendre la feuille , ce n'est pas assez d'avoir mille meuriers, comme bien des gens pourroient le croire : il faut qu'il se trouve dans votre canton vingt chambrées , à trois onces de graine chacune, qui ne subsistent que par votre feuille , & qui puissent produire pour deux mille écus de soie ; parce que la moitié du produit doit toujours payer les frais, le soin & la peine.

Or, vingt chambrées, à trois onces de graine chacune, ne se trouvent pas aisément : Il y a beaucoup de gens qui ne peuvent élever qu'une once de graine, faute d'espace, ou de monde.

Cependant ce revenu peut devenir très considérable dans un pays peuplé & industrieux : Quand nous ne ferions venir de la soie que pour notre consommation, je ne voudrois pas que ce que j'en ai dit décourageât personne : car quoi-

que nous ne puiſſions pas eſ-
pérer par-là de remplacer l'u-
tile culture de la vigne & du
tabac, que nous avons per-
due ; comme celle-ci ne peut
qu'aider à celles qui nous reſ-
tent, en nous procurant plus
d'aiſance, on auroit grand tort
de ne pas s'y attacher.

CHAPITRE XV.

Des pépinieres.

IL n'y a rien de ſi beau que
l'établiſſement des pépinieres
royales. On peut dire qu'il n'y
a peut-être aucun établiſſement qui ait auſſi bien rempli
ſon objet, par la juſteſſe du

plan, & le bon ordre qu'on y
a toujours obfervé.

Le fieur Chatal, négociant
d'Alais, en conçut le projet
en 1720; il ne fe rebuta point
pendant 20 ans d'en follici-
ter l'exécution : A la fin,
après avoir dérangé fes propres affaires, il obtint ce qu'il
defiroit avec tant d'ardeur &
de perfévérance pour le bien
public : On lui donna la di-
rection des pépinieres de la
province, avec 400 liv. d'ap-
pointemens.

Son premier plan étoit de
faire des femis, & de diftri-
buer la pourrette gratis aux
particuliers, lorfqu'elle étoit
affez forte pour la tranfplan-

ter en pépiniere : Il donnoit
en même temps des inſtruc-
tions pour la cultiver. On a
changé cet ordre , & on ne
diſtribue plus que de grands
meuriers pour mettre en place , avec une regle admirable, afin que chacun puiſſe en
avoir. Cependant je crois qu'il
feroit bon de continuer auſſi
de donner de la pourrette. Les
frais de la plantation des grands
arbres font conſidérables , &
rebutent les particuliers qui
ne font pas à portée des pépinieres , parce qu'il y a peu de
ces arbres qui réuſſiſſent, quand
on eſt obligé de les faire venir
de loin , au lieu qu'il n'en manque guére aucun de ceux

qu'on arrache dans fa pépiniere.

CHAPITRE XVI.

De plufieurs autres cultures.

JE me fuis fi fort étendu, que je tâcherai de renfermer en peu de mots ce qui me refte à dire.

Des pruniers.

C'étoit autrefois une cul-
ture affez femblable à celle des meuriers, pour le produit, le foin, & la durée du travail. Quand on auroit eu mille pru-
niers, on ne pouvoit faire cuire chez foi que pour en-
viron 30 piftoles de prunes;

mais on en donnoit à moitié. Ce revenu ne laiſſoit pas d'être fort utile : Dans pluſieurs pays de traverſe, il payoit la taille ; mais depuis trois ou quatre ans, cette denrée a eu le même ſort que le vin ; elle ne ſe vend plus, parce qu'elle n'a auſſi d'autre débouché que la Hollande.

Des laines.

Pour avoir des laines dans cette province, il faudroit une plus grande étendue de vacans, qui ne payaſſent point de taxes. Les laines des jeunes moutons, quand ils ſont bien ſoignés & bien nourris, y ſont très-belles & très-dou-

ces : Ils n'y font point fujets
à des maladies & à des mor-
talités comme en d'autres pays.
Nous pourrions en élever
beaucoup, fans nuire aux autres cultures ; au contraire,
elles en feroient augmentées,
par la plus grande quantité de
fumiers excellens que ce nour-
riffage nous donneroit.

Des bœufs, vaches, beurres, cuirs, &c.

Au moyen de ces vacans,
des prairies artificielles qu'on
peut pratiquer par tout, & de
celles qui ne demandent que
la réparation des ruiffeaux,
nous pourrions de même nourrir beaucoup plus de bœufs

& de vaches, & nous paſſer d'acheter tant de cuirs, de beurre, & de ſuif d'Irlande. La ſalaiſon du bœuf ſeroit bientôt appriſe ; elle ne pourroit nous coûter fort cher, ayant le ſel à bon marché.

De la cire & des abeilles.

On nous porte beaucoup de cire du nord. Autrefois nous la blanchiſſions en France, & nous la réexportions avec le profit de cette main d'œuvre ; mais il n'en eſt plus de même aujourd'hui : On a partout défendu, ou chargé de droits l'entrée de la cire blanchie. Il ſeroit donc à ſouhaitter que nous euſſions dans le royaume

affez de cire pour la confommation ; affez même , pour
qu'elle fût à très-bon marché , au lieu qu'elle eft très-
chére. Ce feroit un agrément
pour la vie , & un avantage
de pouvoir employer moins
de fuif, qu'on tire prefque tout
du dehors : C'eft à quoi nous
parviendrions en peu de temps.
Il feroit aifé de multiplier les
abeilles dans les landes , &
dans toute la province. Elles
fe plaifent parmi les vignes &
les arbres fruitiers ; le miel y
eft excellent. Ne pourroit-on
pas encourager le métayer &
le vigneron, en donnant une
récompenfe à celui qui auroit
vingt ou trente ruches ? Une

exemption de capitation, qui n'eſt pas un objet de grande conſéquence à l'égard de ces gens-là, puiſqu'en bonne juſtice ils ne devroient guéres payer plus d'un écu, ou une piſtole tout au plus, feroit un grand effet : Une exemption de corvée, ou de milice feroit encore davantage.

De l'huile & des oliviers.

Il feroit bon qu'on permît ſeulement l'entrée des graines dont on fait l'huile, afin de gagner cette main d'œuvre. On encourageroit facilement la culture de ces mêmes graines, en mettant des droits ſur celles de dehors; on encourageroit auffi la culture des oliviers.

Les oliviers réuffiffent très-bien dans la haute Guyenne. J'ai obfervé plufieurs fois qu'ils ont échappé à des hyvers très-rudes, pendant que ceux de Provence & du Languedoc ont été gelés ; foit que cet arbre s'accoutume, & s'endurciffe, pour ainfi dire, au climat ; foit qu'étant plus fort & mieux nourri dans le nôtre qui eft moins fec, il réfifte davantage ; foit qu'il pouffe plus tard chez nous ; foit enfin, qu'il faffe quelquefois plus de froid dans ces provinces, comme cela eft arrivé en effet certaines années : L'huile en

pourroit être bonne en divers endroits , mais elle le
feroit toujours affez pour
quantité d'ufages.

Des bois.

On peut dire à l'égard des
bois ce que nous avons obfervé à l'égard des pâturages.
C'eft ce qui manque le plus
dans tous les pays où les charges font réelles, & trop fortes. Dès qu'un fonds paie de
rente ou de taille au-delà de
ce qu'il porte de revenu en
une efpéce de denrée, on y
en cultive une autre.

Afin qu'on plantât des bois,
il faudroit ennoblir toutes les
terres qui y font les plus propres,

pres, je veux dire celles qu'on doit complanter par préféren- ce, à caufe que les autres cul- tures y perdroient peu. Telles font les mauvaifes vignes, & plufieurs terres où le feigle vient à peine. Ces fonds étant ennoblis de taille & de rente, tant qu'ils reftent en bois, il n'y a pas de doute que les propriétaires ne voulûffent s'affranchir d'une très-grande charge annuelle, par une dé- penfe une fois faite.

Il eft certain qu'il y a des bois dans plufieurs vallées des Pyrénées, tant du côté de l'Efpagne que du nôtre ; & de très-beaux bois de conftruc- tion. Il n'en coûteroit, pour en profiter, que des ponts,

Partie II. F

des chemins, & d'autres réparations dont la dépense n'i-
roit pas à la moitié de ce que
nous payons aux Hollandois
en deux années, pour le seul
fret des bois qu'ils fournissent
à notre marine , & qu'ils re-
fusent même de nous fournir,
dès que nous avons la guerre
avec les Anglois ; c'est-à-di-
re , dans nos plus grands besoins. On prétend que nous
pourrions en tirer beaucoup
de nos colonies, & de celles
d'Espagne , qui en ont assez
pour la marine des deux royaumes : Ne vaudroit-il pas mieux
traiter avec cette nation ,
s'il étoit possible ? On ne
peut disconvenir que notre

intérêt le plus preſſant eſt de nouspaſſer des Anglois & des Hollandois. Ces deux nations ont aujourd'hui le même ſyſtême, qui eſt de nous réduire à un commerce purement paſſif.

Des bois à brûler, & du charbon de terre.

Nous avons dans le Quercy, & dans pluſieurs provinces, quantité de charbon de terre. Qui nous empêche de le tirer de ces mines, au lieu de celles des Anglois? Nous épargnerions par-là le bois à brûler, qui devient toujours plus rare & plus cher.

F ij

CHAPITRE XVII.

Des Taxes.

J'ai parlé des diverses cultures de cette province, des augmentations dont elles sont susceptibles, des obstacles qui s'y opposent , j'ai parlé de la dépopulation des campagnes, du découragement des cultivateurs ; je vais maintenant tâcher d'en faire connoître les causes : On doit toujours penser qu'elles ne sont pas connues, tant qu'elles subsistent.

Je commencerai par les taxes. Leur moindre inconvé-

nient eſt d'être trop fortes ; &
le plus grand de tous, que le
redevable ſoit forcé d'en faire
chaque année l'avance, avant
que d'avoir pu vendre, ou
même recueillir ſes denrées.

Ce n'eſt pas tout. Rien n'eſt
égal nulle part aux précautions
que l'on prend pour ſoulager
les paroiſſes, quand elles ont
le malheur de perdre leur
récolte ; on ne voit point
d'exemple d'une ſi grande
bonté, d'une attention ſi mar-
quée, dans aucun autre gouvernement. Les commiſ-
ſaires départis, les ſubdélé-
gués, les élus, concourent à
remplir ces vues ſalutaires :
cependant les paroiſſes ne

font point foulagées : Il y auroit peut-être un moyen pour
qu'elles le fuffent ; ce moyen
fera propofé dans le chapitre
fuivant.

Il feroit à fouhaiter que le
commerce & l'induftrie por-
taffent une partie du poids des
impofitions, afin de foulager
les terres. Mais, en voulant
par-là foulager les terres, on
n'a fait que les charger davantage dans cette province, où,
à l'exception de quelques villes commerçantes , il n'y a
guére d'autre induftrie que
l'agriculture ; ni d'autre commerce que celui des denrées,
particuliérement dans la haute
Guyenne , comme je l'ai déjà
obfervé.

Si les droits ne tomboient que sur les marchandises de luxe, le cultivateur seroit réellement soulagé , parce qu'il n'en a pas besoin ; mais il paie une partie des droits sur le sel, sur le fer , sur les étoffes grossieres , &c. dont il ne peut se passer.

Il ne paie rien pour ses denrées , lorsqu'il les consomme : mais c'est lui qui en paie les droits, lorsqu'il les vend, & même lorsqu'il ne les vend pas ; on le charge alors davantage pour remplacer le produit de ces droits.

Dans la haute Guyenne , la taille, les fourrages, l'utensile , les frais municipaux ; &

F iiij

ceux des milices se prennent sur le fonds ; le vingtiéme sur le revenu ; la capitation sur le propriétaire ; les droits sur les denrées qu'il recueille.

Un métayer, un vigneron, un manœuvre paiera une capitation plus forte, à raison du plus d'aisance que lui procure le travail de la terre.

Un fermier paie deux liards par livre sur le montant de sa ferme : s'il fait lui-même le commerce de ses denrées, il paie comme marchand : il paie en outre une capitation proportionnée au gain que cette même industrie lui procure.

Voilà donc trois taxes sur

la même induftrie, ou, pour mieux dire, fur les mêmes ter-res qu'elle fait valoir.

Les droits que paient ces denrées à l'entrée des villes & à la fortie du royaume, femblent n'être perçus que fur la confommation des villes, & fur le commerce étranger; mais on peut les compter pour une quatriéme taxe fur les ter-res, & même très-forte.

Les péages en font une cin-quiéme, très-génante; les ren-tes foncieres une fixiéme, qui eft fouvent affez dure; nous avons déjà parlé de la taille, qui fait la feptiéme; la dîme peut être comptée pour la huitiéme; enfin le vingtiéme

du revenu des terres forme uné
neuviéme taxe fur ce mêmé
fonds (*a*).

Il eſt clair que cette derniere taxe ne devroit avoir
lieu que fur les fonds nobles
de taille & de rente ; que, contre le principe équitable qui
l'a fait établir, le vingtiémé
du revenu en devient la moitié, les trois quarts , & fouvent le tout, ſi l'on ne déduit
pas les charges réelles & per-
fonnelles, les réparations ordinaires & extraordinaires,
les cas fortuits, &c. Et il eſt
clair qu'on ne le fait pas, à
cauſe qu'on ne ſçauroit effec-

(*a*) On en a vu une dixiéme, qu'on appelloit
la taxe des bien-aifés.

tivement faire toutes ces dé-
ductions d'une maniere bien
précife.

On a propofé de prendre
le vingtiéme en fruits, comme
la dîme eccléfiaftique ; mais
le fermier du droit d'un curé
n'eft pas un homme fort confidérable. Quand il exige au-
delà, ou qu'il fait de mauvaifes
difficultés, on a recours contre lui à la juftice ordinaire :
en feroit-il de même des fermiers du roi ? Pour en juger,
il n'y a qu'à voir ce qui arrive
tous les jours dans les con-
teftations entre les particuliers & les fermiers du con-
trôle.

On a cru faire cette opé-

ration avec une exacte équi-
té , en certains endroits où
l'on a trouvé des contrats de
ferme : Mais je ne crois pas
que rien ait autant induit en
erreur : le prix des fermes varie fans ceffe comme le prix
des denrées, & l'impofition
eft fixe. Le propriétaire eft
toujours tenu d'indemnifer le
fermier lorfqu'il arrive des cas
fortuits : Or ces cas arrivent
fi fréquemment, qu'on aime
mieux payer le vingtiéme en
entier, que d'être obligé de
faire fans ceffe des verbaux.
On aime mieux convenir avec
le fermier de partager avec lui
ce qui reftera de la récolte.
Il arrive des cas fept à huit

ans de fuite, quelquefois cinq ou fix dans la même année, dans le même mois.

Le même inconvénient a lieu à l'égard des moins im- pofés pour le foulagement des paroiffes. L'embarras, les frais, & le peu de produit de tant de verbaux ont rebuté la plupart des paroiffes de faire connoître leurs befoins. J'ai dit qu'on pourroit trouver quelque reméde à un incon- vénient fi fâcheux ; j'oferai donc propofer mes idées. Ma bonne intention mérite qu'on les excufe du moins, fi l'on ne trouve pas à propos de les fuivre. Je fouhaite qu'elles en faffent naître de meilleures,

CHAPITRE XVIII.

Des subdélégations.

L a Guyenne rendroit da-
vantage au roi, & les propriétaires auroient plus de fa-
cilités à payer leurs charges :
1°. Si elle étoit toute en-
cadustrée. Il y a plusieurs cantons dans la haute Guyenne,
qui est la plus à portée du commerce, où la taille est encore
personnelle ; où, par consé-
quent, l'imposition totale pese
plus sur les redevables, quoiqu'elle soit moins forte que
dans les cantons encadustrés.
On pourroit par ce moyen les
soulager tous.

2°. Si l'on y établiſſoit des états, comme ils ſont établis dans le Languedoc. L'illuſtre auteur de l'eſprit des loix obſerve que les pays d'états paient toujours davantage, & ſemblent ne payer jamais aſſez (*a*).

Qu'il me ſoit permis de renvoyer à un des meilleurs ouvrages qui ait paru depuis quelques années : cette matiére y eſt ſi bien traitée, que je ne pourrois faire autre choſe que le copier (*b*).

L'auteur fait voir combien il ſeroit facile d'établir des

_____

(*a*) Liv. 13, chap. 12. Voyez ce morceau qui eſt admirab!e, & tout ce qui regarde les taxes.

(*b*) Il eſt intitulé, *Mémoire ſur les Etats provinciaux.*

états dans la Guyenne, selon la forme de ceux du Langue-doc. On ne peut avoir de doutes que sur la facilité d'un pareil établissement : je ne crois pas que personne en conteste l'utilité, ou puisse m'accuser de l'exagérer, si je dis que par-là, en très-peu d'années, la Guyenne, toute ruinée qu'elle est présentement, deviendroit la plus belle province du royaume.

Il me semble qu'il y auroit un parti mitoyen à prendre.

Comme on a partagé cette grande province en plusieurs généralités (*a*), ne pourroit-

(*a*) Il y a trois généralités dans la Guyenne ; on en a vu quatre, & peut-être faudroit-il qu'il y en eût davantage. Ce seroit faciliter d'autant

on pas partager de même les élections & les subdéléga-tions, qui font réellement trop étendues?

Le principal avantage des états provinciaux eft le grand nombre, & la confidération des repréfentans qui ont part aux délibérations.

On a tâché d'y fuppléer par les élus & les fubdélégués; mais ces repréfentans ne con-noiffent guére que le lieu de leur réfidence. Il eft vrai que les maires & confuls des autres villes fe rendent d'ordinaire à

plus la circulation de la tête aux parties éloi-gnées, qui eft le moyen le plus doux & le plus fûr d'accélérer celle qui va de ces parties à la tête. On pourroit parler ici de la non-réfidence des feigneurs; mais un chapitre entier ne fuffiroit pas pour traiter cette matiere; & on la traiteroit, felon toute apparence, affez inutilement.

l'élection quand on fait le département ; mais ce font des
repréfentans qui ne font que
repréfenter , & qui n'affiftent
point aux opérations : Ils
n'ont, par cette exclufion, ni
affez de dignité , ni affez de
poids.

Ce feroit donc multiplier
très - utilement les députés,
que de partager les grandes
élections de la Guyenne. Il
n'y en a que cinq dans la gé-
néralité de Bordeaux. Celle
d'Agen , par exemple , com-
prend tout ce diocèfe, qui a
plus de 400 paroiffes , plus de
100 communautés , & plu-
fieurs villes affez confidéra-
bles pour avoir chacune un
fubdélégué.

Par-là, un subdélégué ne seroit chargé que d'un petit nombre de taillabilités, à une lieue, ou une lieue & demie autour de sa résidence ; les lieues sont fort grandes, les chemins de traverse très-mauvais, & souvent impraticables : comme les taillabilités sont peu étendues, celles qui l'étoient trop ayant été partagées pour la facilité des recouvremens, chaque subdélégation en comprendroit dix ou douze dans son arrondissenent, dont le circuit pourroit avoir neuf ou dix lieues de France.

Par-là, les affaires se traiteroient mieux & plus facile-

ment ; le fubdélégué pourroit fe tranfporter en peu
d'heures où il feroit néceffaire , & la commodité feroit ré-
ciproque pour ceux qui auroient à lui parler.

Par-là , chaque fubdélé-
gué , étant obligé d'affifter au
département , deviendroit un
repréfentant utile pour tout
fon diftrict, dont il connoî-
troit le fort & le foible ; &
cela auroit tout le rapport poffible aux états , fi l'on ne
trouve pas à propos de les
établir.

Toutes les affaires étant
mieux connues , feroient auffi , comme on l'a déjà dit,
mieux traitées : on verroit

mieux le befoin de chaque paroiffe, le foulagement qu'on peut accorder, les réparations qu'il y auroit à faire, les encouragemens qu'il faudroit donner, les abus qu'on pourroit corriger.

Ce qu'il y auroit de plus utile, feroit de choifir les nouveaux fubdélégués parmi les gentilshommes, les officiers retirés, les gens vivans noblement, qui réfident à la campagne. Il eft certain que les paroiffes de la campagne font celles qui ont le plus de befoin d'être protégées : Nous l'avons déjà obfervé, & nous aurons occafion d'y revenir dans les chapitres fuivans, où

il nous reste à parler des milices & des corvées.

Mais je ne puis me réfoudre
à finir celui-ci , fans faire
mention d'un fait récent, qu'on
ne doit jamais oublier , & qui
prouve mieux que tout ce que
j'ai dit , combien dans certaines circonftances , il feroit ef-
fentiel qu'il y eût des repréfentans , qui connuffent par-
faitement l'état d'un pays , &
qui fuffent capables de le faire
connoître.

Dans la derniere difette,
M. l'évêque d'Agen obtint
de fa majefté, pour fon diocèfe , un fecours de plus de
500000 liv. foit en moins
impofé, foit en bleds pour fe-

mer, ou en ris pour nourrir les pauvres, ou en argent : C'eſt le plus grand ſecours que ce diocèſe ait jamais obtenu de la bonté de nos rois ; & le plus conſidérable que le meilleur des rois ait accordé à aucun pays dans la même occaſion : marque certaine que les be-ſoins de leur peuple ne leur avoient jamais été auſſi bien connus.

Perſonne ne pouvoit mieux les voir, & en rendre raiſon, que cet illuſtre prélat : il avoit tous les jours à ſa porte deux mille pauvres, à qui il faiſoit diſtribuer du pain & de la ſoupe.

Pour confirmer davantage,

s'il eſt poſſible, l'utilité qu'il
y auroit à multiplier le nombre des citoyens capables d'in-
duſtrie, & à les mettre à portée pour cela, je dirài quelque choſe d'un projet dont
j'ai oui parler depuis peu. Ce
projet ne pourroit manquer
d'être ſuivi, s'il étoit appuyé;
parce qu'il remédie, ſans peine
& ſans embarras, au plus grand
inconvénient des taxes, qui
eſt, comme nous l'avons ob-
ſervé, de les payer par avance : Voici l'idée qu'on m'en
m'en a donné.

L'auteur propoſe, à ce qu'on
m'a dit, de former une maſſe
dans chaque communauté, du
tiers en ſus de ſes impoſitions,

dans

dans l'eſpace de ſix ans : ce
feroit une petite charge de
plus pendant ces ſix années,
& un grand ſoulagement dans
la ſuite. Par exemple : une
communauté eſt taxée 1800
liv. on levera 100 liv. de plus,
& on les mettra en réſerve :
au bout de ſix ans, cela fera
une ſomme de 600 liv. qui eſt
le tiers de l'impoſition.

On prêtera de cette réſerve
aux taillables qui ne ſont point
en état de payer, & ils en
paieront l'intérêt juſqu'à ce
qu'ils aient vendu leur récolte, ou qu'ils puiſſent ſe libé-
rer de quelqu'autre façon.

Par ce moyen, on ſuppri-
meroit les contraintes, qui ne

Partie II. G

font souvent que rendre les recouvremens plus difficiles, & qui augmentent toujours plus l'impofition que ne feroit ce nouvel expédient.

Si cette maſſe pouvoit être aſſez confidérable , & aſſez bien gouvernée, pour fournir d'ailleurs aux réparations les plus néceſſaires , qui ne ſe font jamais, l'utilité en feroit plus grande. Elle pourroit encore fervir pour faire travailler les pauvres à ces mêmes réparations ; ce qui produiroit pluſieurs biens à la fois. On y trouveroit de quoi ſoulager les corvéyeurs, & les aboutiſſans au chemin , au pont , au ruiſſeau, &c. qui ne font pas riches ; & on leur procureroit par-là l'aifance que le défaut des réparations leur ôte fouvent.

CHAPITRE XIX.

Des fequeftres.

UNE fuite fâcheufe des taxes, quand elles font fpécifiquement ou relativement trop fortes, eft la faifie des fruits ; & une chofe défolante pour le laboureur, eft d'être fequeftre.

Le collecteur choifit fes fequeftres parmi les laboureurs les plus aifés ; & cela acheve d'ôter l'aifance. La plupart

font ruinés par les fequeftra-
ges. Il faut qu'ils abandonnent
le foin de leur récolte pour
celle qui eft fequeftrée entre
leurs mains ; ils en répondent,
& ils n'en font pas les maîtres :
le propriétaire, qui n'a que fa
récolte pour vivre, les me-
nace, les maltraite, & prend
fes denrées de force.

CHAPITRE XX.

Des corvées.

R I E N n'avilit autant le laboureur à fes propres yeux,
que les corvées ; il fe croit
réduit au-deffous de la condition des efclaves.

Il eſt étonnant que les corvées ſe ſoient introduites dans
un royaume où tout reſpire
l'humanité.

On croit qu'elles ne coû-
tent rien à l'état : mais c'eſt
une taxe très-forte ; & ce qu'il
y a de pire, c'eſt encore une
taxe ſur les terres.

La journée d'un manœuvre
eſt à 10 ou 12 ſols aujour-
d'hui, ſans compter la nourriture. Une paire de bœufs,
& le valet qui les conduit,
coûtent 20 ſols au laboureur.
S'il fournit trois journées de
ſuite, comme il fait ordinairement, quand il va à deux
ou trois lieues, c'eſt 3 liv. La
perte du travail des terres lui

coûte pour le moins autant.

Les Romains aimoient mieux employer leurs troupes aux réparations publiques , dans les pays même qu'ils traitoient si durement d'ailleurs. Ils réservoient les corvées pour porter les vivres & les bagages des armées.

Quelle différence de la lenteur des corvées, à l'expédition des troupes ! On fatiguera le peuple pendant un siécle , & on n'aura peut-être fait aucune bonne réparation. S'il avoit été possible d'entretenir celles des Romains , parmi tant de révolutions, elles dureroient encore ; puisqu'il y a encore de grands morceaux de chemin gravés, très-fréquentés par les voitures, où l'on voit à peine une orniere. Ils n'ont été détruits que par les eaux, dans les endroits où les ponts & les aquéducs n'ont pas été rétablis.

Si l'on avoit fait payer en argent le quart des journées que les corvéyeurs ont fournies, & qu'on en eût augmenté la paie des foldats qui auroient travaillé à ces réparations, il y a longtemps qu'elles feroient faites ; la culture des terres n'en auroit pas fouffert : les fujets qu'on lui ôte pour recruter les armées, entretenus dans l'hab:

tude de remuer la terre, en
auroient plus facilement re-
pris leur ancienne profeſſion,
à laquelle il eſt rare qu'ils
veuillent revenir, ſurtout depuis qu'ils la croyent ſi fort
avilie.

CHAPITRE XXI.

Des milices.

POUR ne pas révolter d'a-
bord mes lecteurs contre moi,
& contre ce que je vais dire,
je ſens que j'ai beſoin d'une
autorité; je ne puis leur en
préſenter de plus agréable
qu'un beau chapitre de l'Eſprit des Loix, auquel ils me

permettront de les renvoyer ;
j'en tranfcrirai feulement ici
ce qui m'eft néceffaire :

L'Auteur prétend qu'*une*
maladie nouvelle s'eft répandue
en Europe ; qu'elle fait entre-
tenir un nombre défordonné de
troupes ; qu'elle devient nécef-
fairement contagieufe, &c. *que*
bientôt, à force d'avoir des fol-
dats, nous n'aurons que des fol-
dats, &c. Il ajoute enfuite dans
une note : » Il ne faut pour
» cela que faire valoir la nou-
» velle invention des milices
» établies dans prefque toute
» l'Europe , & les porter au
» même excès que l'on a fait
» les troupes réglées (*a*).

(*a*) Liv. XIII, chap. 17.

Il n'y a peut-être jamais eu
rien de fi vanté que cet établissement ; & encore aujour-
d'hui, bien des gens en font
fi prévenus, qu'ils ne vou-
dront pas croire ce qui leur
est attesté par tous les habitans de la campagne, & c'est
le moyen de le bien sçavoir,
que rien n'a fait perdre autant
de sujets à la classe des cultivateurs.

Quelques précautions que
l'on puisse prendre, toutes les
charges personnelles tombent
nécessairement fur cette classe
infortunée ; & les milices,
plus que toutes les autres. On
est exempt de taille, quand on
n'a point de terre ; on ne paie

rien, quand on n'a rien : mais dès qu'on a seize ans & cinq pieds, on est obligé de subir le sort.

Le laboureur se prive de ses enfans dès qu'ils sont en âge de l'aider dans ses travaux ; il aime mieux louer des valets ; ce qui faisoit sa richesse fait sa pauvreté.

Après tant d'années d'expériences, on ne doit pas se flatter que le peuple revienne jamais de la terreur des milices. Certaines impressions une fois faites ne s'effacent plus, & se transmettent du cerveau d'une mere effrayée, à celui de ses enfans. Cette premiere impression se fit dans le temps qu'on prenoit les gens par force : les befoins de l'état exigeoient malheureufement qu'on eût recours à cette voie inufitée.

Ce fut un bonheur pour le cardinal Ximenès d'avoir eu la premiere idée de cet établiffement. Son édit pour les milices ne rencontra aucun préjugé qui ne lui fût favorable ; il n'offroit rien que de volontaire & de féduifant pour la jeuneffe : des tambours , des trompettes , des jeux militaires , des prix , des exemptions de toutes charges , de l'honneur & des diftinctions. Auffi, felon le rapport de fon hiftorien, ce ministre eut le plaisir de voir que cet édit fut reçu avec l'approbation universelle des peuples ; & il eut bientôt plus de 30000 bourgeois enrollés ; ce qui est équivalent à 60000 en France (a).

Il faut convenir que l'appareil de nos milices n'a pas cet aspect de gaieté ; & c'est par où il péche le plus, surtout dans notre nation : Un commissaire avec des cavaliers de la maréchaussée commencent par intimider : des meres, des sœurs, des épouses qui pleurent, des vieillards accablés d'années qui réclament des fils uniques, atten-

(a) Hist. du C. Ximenès, par M. Fléchier, évêque de Nîmes, tom. II, pag. 51.

drissent les spectateurs. Une
urne fatale qui renferme la
destinée de toute la jeunesse
d'un village, y répand la con-
sternation.

C'est ici que les priviléges
sont terribles, & sont naître
la plus mauvaise espéce d'é-
mulation. Celui qui n'est point
privilégié de droit, veut l'être
de fait : le concours des uns
& des autres embarrasse les
opérations, le retard les rend
difficiles ; & quoiqu'il pro-
duise inévitablement assez
d'injustices, le peuple en ima-
gine toujours davantage ; &
cela le désespére autant que
la réalité.

S'il n'y avoit pas eu de pri-

vilégiés dès le commence-
ment de cette inftitution , il
eft probable qu'il y auroit eu
moins d'inconvéniens , & qu'à
la fin le peuple s'y feroit ac-
coutumé. C'eft un grand ob-
ftacle de la part de ceux qui
doivent fournir quelque fecours à l'état, que la fauffe
idée qui met de la diftinction
à ne pas le fournir. C'eft encore pis, quand cette diftinction devient réelle & profi-
table. Il y a tel privilégié qui
fait faire fes travaux pour rien,
ou qui garde auprès de lui des
gens inutiles, dans le temps
qu'on ne trouve point d'ouvriers à prix d'argent.

Il n'étoit point à préfumer

que le peuple penſât diffé-
remment ſur une choſe où il
eſt la partie la plus intéreſſée.
Il étoit impoſſible qu'il ne ſe
fît pas une eſpéce de point
d'honneur de pouvoir éviter
le ſort de la milice , & qu'il
ne mépriſât ceux qui ne peuvent s'y ſouſtraire, comme des
gens ſans crédit , & ſans protection.

C'étoit un inconvénient ir-
rémédiable, de ce qu'il falloit
que les tirages ſe fîſſent dans
les villes & les bourgs prin-
cipaux ; que l'artiſan qui les
habite , eût plus de crédit &
de protection que le laboureur , moins à portée de bri-
guer , & moins adroit.

D'ailleurs, le jeune artifan n'eft jamais fixe ; il parcourt les villes pour fe perfectionner. Au moment du tirage, aucun ne fe préfente. On les met abfens; on donne pouvoir au milicien de les prendre, pour les mettre à fa place : mais cela caufe très-inutilement des batteries, des animofités, & une efpéce de guerre civile : les abfens font rarement agréés. On ne finiroit point fur le plus petit article des inconvéniens; & ces détails font odieux. Enfin, pour abréger, il y a telle petite ville qui ne fournit jamais de miliciens, & telle paroiffe de campagne qui refte dépeuplée.

CHAPITRE XXII.

Continuation.

De deux nouveaux plans pour la levée des milices.

UNE communauté de la haute Guyenne offrit, il y a quelques années, de faire fes milices par des engagemens volontaires. On croit que toutes les autres communautés auroient fuivi fon exemple, & que cela pouvoit s'exécuter alors dans cette province auffi aifément que dans plufieurs états d'Allemagne. Ce plan n'eut pas le bonheur d'être

goûté. On objecta que les officiers trouveroient plus de
difficultés à faire leurs recrues:
mais cette objection n'étoit
pas fondée , puisque les officiers refusoient tous les jours
quantité de sujets qui auroient
été d'excellens miliciens ,
d'autant mieux qu'ils étoient
de bonne volonté : on sçait
qu'il faut deux ou trois pouces
de plus pour les troupes réglées.

On proposa un autre plan
qui fut pareillement rejetté.

C'étoit de classer les miliciens , comme on classe les
matelots ; observant de dé-
classer les miliciens , quand
ils auroient servi cinq ans. On

auroit pu les exercer de temps
en temps, leur propofer des
prix pour les animer, des
exemptions pour eux, pour
leurs peres, des diftinctions
parmi leurs égaux, &c. On
a vu le fuccès que ces cho-
fes-là eurent en Efpagne.

En Suiffe, & en d'autres
pays, tous les jeunes gens font
claffés : cela les accoutume
dès l'enfance, à l'idée du fervice ; aucun ne s'en fait une
peine, parce qu'il fçait fa def-
tination en naiffant ; parce
qu'il n'y a point d'exemption
de fervice qui puiffe être re-
gardée comme une faveur &
une diftinction ; & que ce
feroit au contraire une efpéce

d'ignominie, ou de mépris.

Cette maniere de penfer a lieu en France, parmi la no- bleffe ; elle auroit eu lieu éga- lement parmi le peuple, dont les fentimens dépendent beau- coup de la maniere dont il eft traité, & de l'éducation.

CHAPITRE XXIII.

Moyens de rectifier l'ancien plan.

C E S moyens ne devroient pas avoir le même fort ; ils font pris de ce qui fe pratique dans l'état le mieux policé qu'il y ait aujourd'hui dans le monde.

» M. de la Galaifiere , chan-
» cellier de Lorraine , à l'oc-
» cafion du remplacement des
» miliciens congédiés , vient
» de donner une finguliere
» marque de protection à l'a-
» griculture , par fon ordon-
» nance du 26 janvier der-
» nier (a). En voici les 2e. &
» 3e articles , qui méritent bien
» d'être rapportés.

» II. Les laboureurs ou veuves , qui
» feront valoir une charrue , en propre ou
» à ferme , & entretiendront au moins
» quatre chevaux , toute l'année , quelle
» que foit leur cotte de fubvention , ou-
» tre l'exemption perfonnelle , en feront
» jouir auffi un de leurs fils , fervant à ce
» labourage , au deffus de l'âge de feize
» ans , ou à ce défaut , un domeftique.

» III. Les laboureurs ou veuves , qui

(a) Affiches du 12 Février 1755.

» feront valoir plufieurs charrues, en pro-
» prè ou à ferme, & entretiendront auffi
» quatre chevaux par chacune, toute l'an-
» née, outre le privilége perfonnel, au-
» ront encore celui d'exempter par cha-
» cune charrue, foit un fils au deffus de
» l'âge de feize ans; fervant à leur labou-
» rage, foit, au défaut, un domeftique à
» leur choix «.

Pour fuivre un fi beau ré-
glement dans cette province,
il ne s'agit que de fçavoir
combien de terrein un homme
peut travailler, foit à la bêche, foit à la charrue.

On juge qu'il faut un homme
pour cinq journaux ou arpens
de vignes, qui fe travaillent à
la bêche; & un homme par
paire de bœufs, dans une métairie ou ferme, pour travailler à la charrue quatre fois au-

tant de terrein, c'eſt à dire, 20 arpens, dont on ſeme la moitié en bled, l'autre moi- tié reſtant en jucheres, ou pour les fourrages, ou pour faire venir quelques légumes.

Si ces 20 journaux ſont propres pour le chanvre, c'eſt-à-dire, ſi l'on en peut ſe- mer 10 en bled, & 10 en chanvre ; en ce cas, il faut deux paires de bœufs, & par conſéquent, deux hommes.

Il faudroit donc accorder un homme par paire de bœufs, & un homme par cinq arpens de vignes. Qu'on faſſe valoir ſes terres par des fermiers, par des métayers, par des vignerons, ou par des valets,

tout

tout eſt égal; parce qu'il faut toujours qu'il y ait aſſez d'hommes pour la culture.

Mais on abuſera de cette permiſſion; on mettra deux paires de bœufs dans une métairie où une ſeule paire ſuffiroit; on mettra deux valets, ou deux vignerons, où il n'en faudroit qu'un : tant mieux pour l'état; cela augmentera ſa population & ſes richeſſes avec la culture.

Mais l'état a beſoin de ſoldats, & l'on en diminue le nombre par ce moyen : L'état a encore plus beſoin de cultivateurs, & il ne ſçaura jamais que par ce moyen s'il en a aſſez.

Partie II.   H

On objectera encore, que l'artisan trouvant toujours le secret de se souftraire au sort, il arrivera qu'au moment du tirage, tout sera abfent. Comment fera le commissaire? En ce cas, il est de la dernïere conséquence de sufpendre l'opération, & d'en donner avis : Car c'est le plus grand de tous les inconvéniens, qu'il n'y ait que des hommes nécessaires à la culture, qui se présentent, & que le gouvernement n'en soit pas averti.

Si l'artisan refufe de se préfenter, il est défobéiffant, & dans le cas d'être pris de force, par tout où il ira. Mais

il faut en épargner la peine,
les frais, le danger, le trou-
ble au malheureux milicien,
comme on fait à l'égard des
matelots qui refufent d'obéir :
on ne charge point les autres
matelots de les prendre. Quelques exemples fuffiroient peut-
être : finon il faut croire qu'il
n'y a point de reméde aux inconvéniens de l'ancien plan,
& qu'il eft indifpenfable d'en
changer.

Fin de la feconde partie.